思维风暴

鸿　雁　编著

吉林文史出版社
JILIN WENSHI CHUBANSHE

图书在版编目（CIP）数据

思维风暴 / 鸿雁编著. -- 长春：吉林文史出版社，2018.11（2023.9 重印）

ISBN 978-7-5472-5768-5

Ⅰ. ①思… Ⅱ. ①鸿… Ⅲ. ①思维科学Ⅳ. ①B804

中国版本图书馆CIP数据核字(2018)第263822号

思维风暴

出版人 张 强
编著者 鸿 雁
责任编辑 弭 兰
封面设计 韩立强
出版发行 吉林文史出版社有限责任公司
地 址 长春市净月区福祉大路5788号出版大厦
印 刷 天津海德伟业印务有限公司
版 次 2018年11月第1版
印 次 2023年9月第4次印刷
开 本 880mm × 1230mm 1/32
字 数 206千
印 张 8
书 号 ISBN 978-7-5472-5768-5
定 价 38.00元

前　言

思维是人类最本质的一种资源，是一种复杂的心理现象，心理学家与哲学家都认为思维是人脑经过长期进化而形成的一种特有的机能，并把思维定义为：人脑对客观事物的本质属性和事物之间内在联系的规律性所做出的概括与间接的反应。我们所说的思维方法就是思考问题的方法，是将思维运用到日常生活中，用于解决问题的具体思考模式。

一、思维的力量

思维是人类最本质的资源，又是足以影响人成败的关键因素，它就像蕴藏在大脑中的石油，只要合理地发掘和利用，就能够帮助我们创造出越来越多的奇迹和美好篇章；反之，若开掘无度、无章可循，只能造成资源的浪费与一生成就的湮没。

人的一生中，从衣食住行到事业前途，从情感问题到人际关系，时时刻刻都要面临一些大大小小的问题和矛盾。要想让自己的生活顺利进行，我们必须解决这些问题和矛盾。解决问题和矛盾需要开动我们的大脑，需要进行积极的思考，需要借助有效的思维方式。心理学家马克斯韦尔·马尔茨曾说过："所有人都是为成功而降临到这个世界上，但是有的人成功了，有的人没有，那是因为每个人使用头脑的方法不同。"虽然每个人都有思维，但是思维的质量有差别。思维的质量直接影响人们做事的质量和生活的质量，决定了一个人是富有还是贫穷，是健康还是多病，是强大还是弱小，是幸福还是不幸。高质量的思维可以引领生活各个领域都朝着我们期望的方向发展，不良的思维习惯则会让我们付出巨大的代价，包括经济上的损失和精神上的代价。

二、思维的革命

爱因斯坦说:“思维世界的发展,在某种意义上说,就是对惊奇的不断摆脱。”如果我们不去探索未知世界,不对思维进行训练,就好像明明知道云雾缭绕的后面有美丽的桃花源,却站在远方观望。因此我们需要不断学习和反省,不断提高思维的质量。要想提高思维的质量,除了积极开发自己的大脑外,还必须学习一些先进的思维方式。拥有先进的思维方式才能在面对繁杂的事务和困难的问题时应对自如,才能更好地规划自己的人生。尤其是在这个日新月异的时代,我们必须以一种全新的思维方式来适应新环境,解决新问题。

恩格斯曾把“思维着的精神”誉为“地球上最美的花朵”,人类为了使这最美的花朵开得更加灿烂,试图通过不同的渠道,用不同的方法、不同的形式去培育它。人们在解决问题的过程中,不断总结思维的规律,把那些能够更快更好地解决问题的方法归纳起来,以备下次遇到类似的问题时能够快速找到解决办法,从而形成了帮助人们辨别真伪、解决问题、开拓创新的思维知识体系,而黄金思维和思维名题就是其中最重要、最有价值的部分。黄金思维和思维名题揭示了人类思维的特点和规律,为人们提供了更为准确、更为开阔的视角,能够帮助人们洞察问题的本质,把握成功的先机。世界各地的各类企业从这些黄金思维和思维名题中汲取有益的营养,制订战略,经营管理,为企业创造了巨大的经济效益。不同角色的人们,包括科学家、政治家、学者、高层管理者、员工、商务人士、律师、教师、家长、学生等,从这些黄金思维和思维名题中获得了深刻的启示,解决了性格、生活、工作、人际交往中的种种问题,走上了成功之路,改变了人生命运。

三、黄金思维

黄金思维是一种正面、积极、多角度观察思考事物,创造性地分析、处理、解决问题和矛盾的思维方式。黄金思维具有神奇的威力,能够准确揭示问题的本质,迅速抓住问题的核心,高效地解决问题。创新思维为我们打开创造力的闸门；发散思维使我们的思维触角向四周辐射扩散；逆向思维犹如一条反向游泳的鱼，带着我们在思维的逆转中寻找突破；系统思维使我们具有了全局的视角，不致思考问题时有所偏颇；类比思维使人们将陌生的、不熟悉的问题与已经解决的熟悉问题或其他事物进行比较解决问题；换位思维让人们站在对方的立场看问题，从而更清楚问题的关键；形象思维可以使抽象的东西形象化，找到问题的突破口；辩证思维使我们明白任何事物都具有两面性，我们又该如何使不利变为有利；博弈思维促使我们在较量对比中采取最佳策略，以摆脱困境，取得胜利……黄金思维是化解疑难问题、开拓成功道路的重要动力源，将其运用到日常工作和生活中，可以达到事半功倍的效果，受益无穷。

四、思维名题

思维名题是通过语句、图形、符号的设计用来考查人的思维水平的思维形式，涵盖了分析、综合、比较、抽象、概括等操作手段。思维名题把发展人的思维能力、培养正确的思维方式放在中心位置，它专门用来解决思维定型导致头脑僵化的问题，使思维摆脱定式的束缚，从更高的位置俯视自己的思维活动。

具体来说，思维名题主要分为游戏思维名题、逻辑思维名题、科学思维名题、创造思维名题四类。(1)游戏思维名题。常以谜题、迷宫、棋术、操术、算术等形式出现，具有经验性、形象性、模糊性、哲理性和神秘性等多重特征。(2)逻辑思维名题。是指摆脱研究对象的产生和发展的自然进程，以理论的形式，也就是以范畴的理论体系进行命题的方法。(3)科学思维名题。是指在解决问题的严格推理过程中，被试者分析情境，以便发现其中所包含的材料和关键因素，通过对这些材料的重新组织，使得解决问题的方法越来越清晰的思维名题。(4)创造思维名题。是一种不依常规、寻求变异、从多方面探索答案的思维名题。这种名题有明确的训练和测试功能，尤其对思维的灵活性、发散性、独特性的发展与促进很有裨益。为帮助读者了解人类思维的发展历程和内容概貌，学习掌握相关的思维方法和技巧，我们精心编撰了《思维风暴》一书。全书共“15种黄金思维”。分别介绍了创新、发散、收敛、加减、逆向、平面、纵向、侧向、系统、类比、联想、简单、U形、灵感、辩证、15种黄金思维，帮助读者发掘出头脑中的资源，打开洞察世界的窗口。每一种思维向读者提供了一种思考问题的方式和角度，这些思维方法的有机结合，为我们构建了全方位的视角，为各种问题的解决和思考维度的延伸提供了行之有效的指导。这些精彩纷呈的名题，不仅让你领略人类不同时期的思维弧光和智慧，也使你在享受乐趣的同时彻底带动你的思维高速运转，帮助你强化左脑和右脑的交互运用，在娱乐中提高你的观察力、注意力、记忆力、判断力、推理力、逻辑性，开拓思维，提升思维的敏捷性、深刻性、灵活性，提高你的想象力、创造力和解决问题的能力。

学习思维方法，重在于思与行。在学习的过程中细心思考，在掩卷之后身体力行，才是真正地将思维方法用到了实处，进而获得实效。愿本书像一位忠实的智者，时刻陪伴在你身边，让你领略思维的奥妙，感受智慧的冲击，享受创造的乐趣。

现在，打开本书，开动你的大脑，启动你的思维，在你的人生中掀起一场改变命运的思维风暴吧！

目 录

绪论 改变思维,改变人生

第一章 创新思维——想到才能做到

第二章 发散思维——一个问题有多种答案

第六章 平面思维——试着从另一扇门进入

第七章 纵向思维——从链条的一端开始解决问题

第八章 侧向思维——另辟蹊径,跳出原来的圈子

第十三章　U形思维——两点之间最短距离未必是直线

第十四章　灵感思维——阿基米德定律就是这样发明的

第十五章　辩证思维——真理就住在谬误的隔壁

绪论　改变思维，改变人生

思维：人类最本质的资源

鲁迅先生曾说过这样一段话："外国用火药制造子弹来打敌人，中国却用它做爆竹敬神；外国用罗盘来航海，中国却用它来测风水；外国用鸦片来医病，中国却拿它当饭吃。"我们在回味鲁迅先生的这番尖锐的评论时，不应只将其作为揭露国人悲哀的样板，更应当思考其中蕴含的更深层的意义：面对同样的事物，中国人与外国人为什么会采取不同的态度？为什么会有截然不同的用途？

难道说中国人没有外国人聪明？但事实却是中国人发明火药、指南针的时间比外国人早了几百年。难道说中国人不思进取、甘愿落后？这恐怕也不符合事实。中国人一向以自强不息、积极向上的面孔示人。那么，我们只能将其归结为思维方法的不同。

思维是人类最本质的一种资源，是一种复杂的心理现象，心理学家与哲学家都认为思维是人脑经过长期进化而形成的一种特有的机能，并把思维定义为"人脑对客观事物的本质属性和事物之间内在联系的规律性所做出的概括与间接的反应"。我们所说的思维方法就是思考问题的方法，是将思维运用到日常生活中，用于解决问题的具体思考模式。

我们说，思路决定出路。因为思维方法不同，看问题的角度与方式就不同；因为思维方法不同，我们所采取的行动方案就不同；因为思维方法不同，我们面对机遇进行的选择就不同；因为思维方法不同，我们在人生路上收获的成果就不同。

有这样一个小故事，希望能对大家有所启发。

两个乡下人外出打工，一个打算去上海，一个打算去北京。可是在候车厅等车时，又都改变了主意，因为他们听邻座的人议论说，上海人精明，外地人问路都收费；北京人质朴，见吃不上饭的人，不仅给馒头，还送旧衣服。去上海的人想，还是北京好，赚不到钱也饿不死，幸亏车还没到，不然真是掉进了火坑。去北京的人想，还是上海好，给人带路都挣钱，还有什么不能赚钱的呢？我幸好还没上车，不然就失去了一次致富的机会。

于是他们在退票处相遇了。原来要去北京的换到了去上海的票，去上海的换到了去北京的票。去北京的人发现，北京果然好，他初到北京的一个月，什么都没干，竟然没有饿着。不仅银行大厅的太空水可以白喝，商场里欢迎品尝的点心也可以白吃。去上海的人发现，上海果然是一个可以发财的城市，干什么都可以赚钱，带路可以赚钱，开厕所可以赚钱，弄盆凉水让人洗脸也可以赚钱。只要想办法，花点儿力气就可以赚钱。

凭着乡下人对泥土的感情和认识，他从郊外装了10包含有沙子和树叶的土，以“花盆土”的名义，向不见泥土又爱花的上海人出售。当天他在城郊间往返6次，净赚了50元钱。一年后，凭“花盆土”，他竟然在上海拥有了一间小小的门面房。在长年的走街串巷中，他又有一个新发现：一些商店楼面亮丽而招牌较黑，一打听才知道是清洗公司只负责洗楼而不负责洗招牌的结果。他立即抓住这一空当，买了梯子、水桶和抹布，办起了一个小型清洗公司，专门负责清洗招牌。如今他的公司已有150多名员工，业务也由上海发展到了杭州和南京。

前不久，他坐火车去北京考察清洗市场。在北京站，一个捡破烂的人把头伸进卧铺车厢，向他要一个啤酒瓶，就在递瓶时，两人都愣住了，因为5年前他们曾经交换过一次车票。

我们常常感叹：面对相同的境遇，拥有相近的出身背景，持有相同的学历文凭，付出相近的努力，为什么有的人能够脱颖而出，而有的人只能流于平庸？为什么有的人能够飞黄腾达、演绎完美人生，而有的人只能一败涂地、满怀怨恨而终？

我们不得不说，这些区别和差距的产生往往源于思维方法的不同。

成功者之所以成功，是因为他们掌握并运用了正确的思维方法。正确的思维方法可以为人们提供更为准确、更为开阔的视角，能够帮助人们洞穿问题的本质，把握成功的先机。而失败的人之所以失败，是因为他们不善于改变思维方法，陷入了思维的误区和解决问题的困境，就像一位工匠雕琢一件艺术品时选错了工具，最后得到的必然不会是精品。

为什么从苹果落地的简单事件中，只有牛顿能够引发万有引力的联想？为什么看到风吹吊灯的摆动，只有伽利略能够发现单摆的规律？为什么看到开水沸腾的景象，只有瓦特能够将其原理运用到蒸汽机的创造之中？因为他们运用了正确的思维方法，所以他们才能走在时代的最前沿。

思维是人类最本质的资源，又是足以影响人成败的关键因素，它就像蕴藏在大脑中的石油，只要合理地发掘和利用，就能够帮助我们创造出越来越多的奇迹和美好篇章；反之，若开掘无度、无章可循，只能造成资源的浪费与一生成就的湮没。

启迪思维是提升智慧的途径

我们一直都深信“知识就是力量”，并将其奉为金科玉律，认为只要有了文凭，有了知识，自身的能力就无可限量了。然而事实却不完全如此，下面这个小故事也许能够给你带来一些启示。

在很久以前的希腊，一位年轻人不远万里四处拜师求学，为的是能得到真才实学。他很幸运，一路上遇到了许多学识渊博者，他们感动于年轻人的诚心，将毕生的学识毫无保留地传授给了年轻人。可是让年轻人感到苦恼的是，他学到的知识越多，就越觉得自己无知和浅薄。

他感到极度困惑，这种苦恼时刻折磨着他，使他寝食难安。于是，他决定去拜访远方的一位智者，据说这位智者能够帮助人们解决任何难题。他见到了智者，便向他倾诉了自己的苦恼，并请求智者想一个办法，让他从苦恼当中解脱出来。

智者听完了他的诉说之后，静静地想了一会儿，接着慢慢地问道："你求学的目的是为了求知识还是求智慧？"年轻人听后大为惊诧，不解地问道："求知识和求智慧有什么不同吗？"那位智者笑道："这两者当然不同了，求知识是求之于外，当你对外在世界了解得越深越广，你所遇到的问题也就越多越难，这样你自然会感到学到的越多就越无知和浅薄。而求智慧则不然，求智慧是求之于内，当你对自己的内心世界了解得越多越深时，你的心智就越圆融无缺，你就会感到一股来自于内在的智性和力量，也就不会有这么多的烦恼了。"

年轻人听后还是不明白，继续问道："智者，请您讲得更简单一点儿好吗？"智者就打了一个比喻："有两个人要上山去打柴，一个早早地就出发了，来到山上后却发现自己忘了磨砍柴刀，只好用钝刀劈柴。另一个人则没有急于上山，而是先在家把刀磨快后才上山，你说这两个人谁打的柴更多呢？"年轻人听后恍然大悟，对智者说："您的意思是，我就是那个只顾砍柴而忘记磨刀的人吧！"智者笑而不答。

人们往往把知识与智慧混为一谈，其实这是一种错误的观念。知识与智慧并不是一回事，一个人知识的多少，是指他对外在客观世界的了解程度，而智慧水平的高低不仅在于他拥有多少知识，还在于他驾驭知识、运用知识的能力。其中，思维能力的强弱对其具有举足轻重的作用。

人们对客观事物的认识，第一步是接触外界事物，产生感觉、知觉和印象，这属于感性认识阶段；第二步是将综合感觉的材料加以整理和改造，逐渐把握事物的本质、规律，产生认识过程的飞跃，进而构成判断和推理，这属于理性认识阶段。我们说的思维指的就是这一阶段。

在现实生活中，我们常常看到有的人知识、理论一大堆，谈论起来引经据典、头头是道，可一旦面对实际问题，却束手束脚不知如何是好。这是因为他们虽然掌握了知识，却不善于开启思维运用知识。另有一些人，他们的知识不多，但他们的思维活跃、思路敏捷，能够把有限的知识举一反三，将之灵活地应用到实践当中。

南北朝的贾思勰，读了荀子《劝学篇》中“蓬生麻中，不扶而直”的话，他想：细长的蓬生长在粗壮的麻中会长得很直，那么，细弱的槐树苗种在麻田里，也会这样吗？于是他开始做试验，由于阳光被麻遮住，槐树为了争夺阳光只能拼命地向上长。三年过后，槐树果然长得又高又直。由此，贾思勰发现植物生长的一种普遍现象，并总结出了一套规律。

古希腊的哲学家赫拉克利特说：知识不等于智慧。掌握知识和拥有智慧是人的两种不同层次的素质。对于智慧、知识与思维能力的关系，我们可以打这样一个比方：智慧好比人体吸收的营养，而知识是人体摄取的食物，思维能力是人体消化的功能。人体能吸收多少营养，不仅在于食物品质的好坏，也在于消化功能的优劣。如果一味地贪求知识的增加，而运用知识的思维能力一直在原地踏步，那么他掌握的知识就会在他的头脑当中处于僵化状态，反而会对他实践能力的发挥形成束缚和障碍。这就像消化不良的人吃了过多的食物，多余的营养无法吸收，反倒对身体有害。

我们一再强调思维的意义，绝非贬低知识的价值。我们知道，思维是围绕知识而存在的，没有了知识的积累，思维的灵活运用也会存在障碍。因此，学习知识和启迪思维是提升自身智慧不可偏废的两个方面。没有知识的支撑，智慧也就成了无源之水，无本之木；没有思维的驾驭，知识就像一潭死水，波澜不兴，智慧也就更无从谈起了。

环境不是失败的借口

有些人回首往昔的时候，不免满是悔恨与感叹：努力了，却没有得到应有的回报；拼搏了，却没有得到应有的成功。他们抱怨，抱怨自己的出身背景没有别人好，抱怨自己的生长环境没有别人优越，抱怨自己拥有的资源没有别人丰富。总之，外界的一切都成了他们抱怨的对象。在他们的眼里，环境的不尽如人意是导致失败的关键因素。

然而，他们错了。环境并不能成为失败的借口。环境也许恶劣，资源也许匮乏，但只要积极地改变自己的思维，一定会有更好的解决问题的办法，一定会达到“柳暗花明又一村”的效果。

我们身边的许多人，就是通过灵活地运用自己的思维，改变了不利的环境，使有限的资源发挥出了最大的效益。

广州有一家礼品店，在以报纸做图案的包装纸的启发下，联系一些事业单位低价收下大量发黄的旧报纸，推出用旧报纸免费包装所售礼品的服务。店主特地从报纸中挑选出特殊日子的或有特别图案的，并分类命名，使顾客可以根据自己的个性和爱好选择相应的报纸。这种服务推出后，礼品店的生意很快就火了起来。

这家礼品店的老板不见得比我们聪明，他可以利用的资源也不比别的礼品店经营者的多，但他成功了。因为他转变了思维，寻找到了一个新方法。

我们在做事过程中经常会遇到资源匮乏的问题，但只要我们肯动脑筋，善于打通自己的思维网络，激发脑中的无限创意，就一定能够将问题圆满解决。

总是有人抱怨手中的资源太少，无法做成大事。而一流的人才根本不看资源的多少，而是凡事都讲思维的运用。只要有了创造性思维，即使资源少一些又有什么关系呢？

1972年新加坡旅游局给总理李光耀打了一份报告说：

“新加坡不像埃及有金字塔，不像中国有长城，不像日本有富士山，不像夏威夷有十几米高的海浪。我们除了一年四季直射的阳光，什么名胜古迹都没有。要发展旅游事业，实在是巧妇难为无米之炊。”

李光耀看过报告后，在报告上批下这么一行文字：

“你还想让上帝给我们多少东西？上帝给了我们最好的阳光，只要有阳光就够了！”

后来，新加坡利用一年四季直射的阳光，大量种植奇花异草、名树修竹，在很短的时间内就发展成为世界上著名的“花园城市”，旅游业收入连续多年位列亚洲第二。

是啊，只要有阳光就够了。充分地利用这“有限”的资源，将其赋予“无限”的创意思维，即使只具备一两点与众不同之处，也是可以取得巨大成功的。

每一件事情都是一个资源整合的过程，不要指望别人将所需资源全部准备妥当，只等你来“拼装”；也不要指望你所处的环境是多么的尽如人意。任何事情都需要你开启自己的智慧，改变自己的思维，积极地去寻找资源，没有资源也要努力创造资源。只有这样，才能渐渐踏上成功之路。

正确的思维为成功加速

思维是一种心境，是一种妙不可言的感悟。在伴随人们实践行动的过程中，正确的思维方法、良好的思路是化解疑难问题、开拓成功道路的重要动力源。一个成功的人，首先是一个积极的思考者，经常积极地想方设法运用各种思维方法，去应对各种挑战和面对各种困难。因此，这种人也较容易体味到成功的欣喜。

美国船王丹尼尔·洛维格就是一个典型的成功例子。

从他获得自己的第一桶金，乃至他后来拥有数十亿美元的资产，都和他善于运用思维，善于变通地寻找方法息息相关。

当洛维格第一次跨进银行的大门时，人家看了看他那磨破了的衬衫领子，又见他没有什么可作抵押的东西，很自然地拒绝了他的贷款申请。

他又来到大通银行，千方百计总算见到了该银行的总裁。他对总裁说，他把货轮买到后，立即改装成油轮，他已把这艘尚未买下的船租给了一家石油公司。石油公司每月付给的租金，就用来分期还他要借的这笔贷款。他说他可以把租契交给银行，由银行去跟那家石油公司收租金，这样就等于在分期付款了。

大通银行的总裁想：洛维格一文不名，也许没有什么信用可言，但是那家石油公司的信用却是可靠的。拿着租契去石油公司按月收钱，这自然是十分稳妥的。

洛维格终于贷到了第一笔款。他买下了他所要的旧货轮，把它改成油轮，租给了石油公司。然后又利用这艘船作抵押，借了另一笔款，又买了一艘船。

洛维格克服困难，最终达到自己的目的。他的成功与精明之处，就在于能够变通思维，用巧妙的方法使对方忽略他的一文不名，而看到他的背后有一家石油公司的可靠信用为他做支撑，从而成功地借到了钱。

和洛维格相仿，委内瑞拉人拉菲尔·杜德拉也是凭借积极的思维方法，不断找到好机会进行投资而成功的。在不到20年的时间里，他就建立了投资额达10亿美元的事业。

在20世纪60年代中期，杜德拉在委内瑞拉的首都拥有一家很小的玻璃制造公司。可是，他并不满足于干这个行当，他学过石油工程，他认为石油是个能赚大钱且更能施展自己才干的行业，他一心想跻身于石油界。

有一天，他从朋友那里得到一则信息，说是阿根廷打算从国际市场上采购价值2000万美元的丁烷气。得此信息，他充满了希望，认为跻身于石油界的良机已到，于是立即前往阿根廷活动，想争取到这笔合同。

去后，他才知道早已有英国石油公司和壳牌石油公司两个老牌大企业在频繁活动了。这是两家十分难以对付的竞争对手，更何况自己对石油业并不熟悉，资本又不雄厚，要成交这笔生意难度很大。但他并没有就此罢休，他决定采取迂回战术。

一天，他从一个朋友处了解到阿根廷的牛肉过剩，急于找门路出口外销。他灵机一动，感到幸运之神到来了，这等于向他提供了同英国石油公司及壳牌公司同等竞争的机会，对此他充满了必胜的信心。

他旋即去找阿根廷政府。当时他虽然还没有掌握丁烷气，但他确信自己能够弄到，他对阿根廷政府说："如果你们向我买2000万美元的丁烷气，我便买你2000万美元的牛肉。"当时，阿根廷政府想赶紧把牛肉推销出去，便把购买丁烷气的投标给了杜德拉，他终于战胜了两个强大的竞争对手。

投标争取到后，他立即筹办丁烷气。他随即飞往西班牙，当时西班牙有一家大船厂，由于缺少订货而濒临倒闭。西班牙政府对这家船厂的命运十分关切，想挽救这家船厂。

这一则消息，对杜德拉来说，又是一个可以抓住的好机会。他便去找西班牙政府商谈，杜德拉说："假如你们向我买2000万美元的牛肉，我便向你们的船厂订制一艘价值2000万美元的超级油轮。"西班牙政府官员对此求之不得，当即拍板成交，马上通过西班牙驻阿根廷使馆，与阿根廷政府联络，请阿根廷政府将杜德拉所订购的2000万美元的牛肉，直接运到西班牙来。

杜德拉把2000万美元的牛肉转销出去之后，继续寻找丁烷气。他到了美国费城，找到太阳石油公司，他对太阳石油公司说："如果你们能出2000万美元租用我这条油轮，我就向你们购买2000万美元的丁烷气。"太阳石油公司接受了杜德拉的建议。从此，他便打进了石油业，实现了跻身于石油界的愿望。经过苦心经营，他终于成为委内瑞拉石油界的巨子。

洛维格与杜德拉都是具有大智慧、大胆魄的商业奇才。他们能够在困境中积极灵活地运用自己的思维，变通地寻找方法，创造机会，将难题转化为有利的条件，创造更多可以利用的资源。

这两个人的事例告诉我们：影响我们人生的绝不仅仅是环境，在很大程度上，思维控制了个人的行动和思想。同时，思维也决定了自己的视野、事业和成就。美国一位著名的商业人士在总结自己的成功经验时说，他的成功就在于他善于运用思维、改变思维，他能根据不同的困难，采取不同的方法，最终克服困难。

思维决定着一个人的行为，决定着一个人的学习、工作和处世的态度。正确的思维可以为成功加速，只有明白了这个道理，才能够较好地把握自己，才能够从容地化解生活中的难题，才能够顺利地到达智慧的最高境界。

改变思维，改变人生

马尔比·D. 巴布科克说："最常见同时也是代价最高昂的一个错误，就是认为成功依赖于某种天才、某种魔力，某些我们不具备的东西。"成功的要素其实掌握在我们自己手中，那就是正确的思维。一个人能飞多高，并非由人的其他因素所制约，而是由他自己的思维所制约。

下面有这样一个故事，相信会对大家有启发。

一对老夫妻结婚50周年之际，他们的儿女为了感谢他们的养育之恩，送给他们一张世界上最豪华客轮的头等舱船票。老夫妻非常高兴，登上了豪华游轮。真的是大开眼界，可以容纳几千人的豪华餐厅、歌舞厅、游泳池、赌厅等应有尽有。唯一遗憾的是，这些设施的价格非常昂贵，老夫妻一向很节俭，舍不得去消费，只好待在豪华的头等舱里，或者到甲板上吹吹风，还好来的时候他们怕吃不惯船上的食物，带了一箱泡面。

转眼游轮的旅程要结束了，老夫妻商量，回去以后如果邻居们问起来船上的饮食娱乐怎么样，他们都无法回答，所以决定最后一晚的晚餐到豪华餐厅里吃一顿，反正是最后一次了，奢侈一次也无所谓。他们到了豪华的餐厅，烛光晚餐、精美的食物，他们吃得很开心，仿佛找到了初恋时候的感觉。晚餐结束后，丈夫叫来服务员要结账。服务员非常有礼貌地说："请出示一下您的船票。"丈夫很生气："难道你以为我们是偷渡上来的吗?"说着把船票丢给了服务员，服务员接过船票，在船票背面的很多空栏里划去了一格，并且十分惊讶地说："二位上船以后没有任何消费吗？这是头等舱船票，船上所有的饮食、娱乐，包括赌博筹码都已经包含在船票里了。"

这对老夫妇为什么不能够尽情享受？是他们的思维禁锢了他们的行为，他们没有想到将船票翻到背面看一看。我们每一个人都会遇到类似的经历，总是死守着现状而不愿改变。就像我们头脑中的思维方式，一旦某一种观念占据了上风，便很难改变或不愿去改变，导致做事风格与方法没有半点儿变通的余地，最终只能将自己逼入"死胡同"。

如果我们能够像下面故事中的比尔一样，适时地转换自己的思维方法，就会使自己的思路更加清晰，视野更加开阔，做事的方法也会灵活转变，自然就会取得更优秀的成就。从某种程度上讲，改变了思维，人生的轨迹也会随之改变。

从前有一个村庄严重缺少饮用水，为了根本性地解决这个问题，村里的长者决定对外签订一份送水合同，以便每天都能有人把水送到村子里。艾德和比尔两个人愿意接受这份工作，于是村里的长者把这份合同同时给了这两个人，因为他们知道一定的竞争既有益于保持价格低廉，又能确保水的供应。

获得合同后，比尔就奇怪地消失了，艾德立即行动了起来。没有了竞争使他很高兴，他每日奔波于相距1公里的湖泊和村庄之间，用水桶从湖中打水并运回村庄，再把打来的水倒在由村民们修建的一个结实的大蓄水池中。每天早晨他都必须起得比其他村民早，以便当村民需要用水时，蓄水池中已有足够的水供他们使用。这是一项相当艰苦的工作，但艾德很高兴，因为他能不断地挣到钱。

几个月后，比尔带着一个施工队和一笔投资回到了村庄。原来，比尔做了一份详细的商业计划，并凭借这份计划书找到了4位投资者，和他们一起开了一家公司，并雇用了一位职业经理。比尔的公司花了整整一年时间，修建了从村庄通往湖泊的输水管道。

在隆重的贯通典礼上，比尔宣称他的水比艾德的水更干净，因为比尔知道有许多人抱怨艾德的水中有灰尘。比尔还宣称，他能够每天24小时、一星期7天不间断地为村民提供用水，而艾德却只能在工作日里送水，因为他在周末同样需要休息。同时比尔还宣布，对这种质量更高、供应更为可靠的水，他收取的价格却是艾德的75%。于是村民们欢呼雀跃、奔走相告，并立刻要求从比尔的管道上接水龙头。

为了与比尔竞争，艾德也立刻将他的水价降低到75%，并且又多买了几个水桶，以便每次多运送几桶水。为了减少灰尘，他还给每个桶都加上了盖子。用水需求越来越大，艾德一个人已经难以应付，他不得已雇用了员工，可又遇到了令他头痛的工会问题。工会要求他付更高的工资、提供更好的福利，并要求降低劳动强度，允许工会成员每次只运送一桶水。

此时，比尔又在想，这个村庄需要水，其他有类似环境的村庄一定也需要水。于是他重新制订了他的商业计划，开始向其他的村庄推销他的快速、大容量、低成本并且卫生的送水系统。每送出一桶水他只赚1便士，但是每天他能送几十万桶水。无论他是否工作，几十万人都要消费这几十万桶的水，而所有的这些钱最后都流入到比尔的银行账户中。显然，比尔不但开发了使水流向村庄的管道，而且还开发了一个使钱流向自己钱包的管道。

从此以后，比尔幸福地生活着，而艾德在他的余生里仍拼命地工作，最终还是陷入了“永久”的财务问题中。

比尔之所以能获得成功，就在于他懂得及时转变思维。当得到送水合同时，他并没有立即投入挑水的队伍中，而是运用他的系统思维将送水工程变成了一个体系，在这个体系中的人物各有分工，通力协作。当这一送水模式在本村庄获得成功后，比尔又运用他的联想思维与类比思维，考虑到其他的村庄也需要这种安全、卫生、方便的送水服务，更加开拓了他的业务范围。比尔正是运用了巧妙的思维达到了“巧干”的结果。

思路决定出路，思维改变人生。拥有正确的思维，运用正确的思维，灵活改变自己的思维，才能使自己的路越走越宽，才能使自己的成就越来越显著，才能描绘出更加精彩的人生画卷。

好思维赢得好结果

很多年前，一则小道消息平静地传播在人们之间：美国穿越大西洋底的一根电报电缆因破损需要更换。这时，一位不起眼的珠宝店老板对此没有等闲视之，他几乎十万火急，毅然买下了这根报废的电缆。

没有人知道小老板的企图：“他一定是疯了！”异样的眼光

惊诧地围绕在他的周围。

而他却关起店门，将那根电缆洗净、弄直，剪成一小段一小段的金属段，然后装饰起来，作为纪念物出售。大西洋底的电缆纪念物，还有比这更有价值的纪念品吗?

就这样，他轻松地成功了。接着，他买下了欧仁皇后的一枚钻石。那淡黄色的钻石闪烁着稀世的华彩，人们不禁问：他自己珍藏还是抬出更高的价位转手?

他不慌不忙地筹备了一个首饰展示会，其他人当然是冲着皇后的钻石而来。可想而知，梦想一睹皇后钻石风采的参观者会怎样蜂拥着从世界各地接踵而至。

他几乎坐享其成，毫不费力就赚了大笔的钱财。

他，就是后来美国赫赫有名、享有“钻石之王”美誉的查尔斯·刘易斯·蒂梵尼，原本只是一个磨房主的儿子!

这个故事告诉我们这样一个简单的道理：好思维赢得好结果。蒂梵尼没有将废旧电缆视为垃圾和废物，而是从纵深角度挖掘出了它的纪念价值。他也没有将皇后的钻石独自收藏或高价转让，而是从侧面开发出它更多的观赏价值，以及由此带来的对其他珠宝首饰销量的带动。

当别人关注于事物的某一点时，蒂梵尼总能看到更有价值的那个方面，并全力将它开发出来。可以说，蒂梵尼日后能够取得如此辉煌的成就，与他的思维是分不开的。

英国有这样一位美女，她也很善于灵活运用自己的思维，尤其善于运用独特的创意来拓展自己的业务，她就是被美容界称为“魔女”的安妮塔。

安妮塔拥有数千家美容连锁店，不过，安妮塔这个庞大的美容“帝国”，从没花过一分钱的广告费。

安妮塔于1971年贷款4000英镑开了第一家美容小店。她把店铺的外面漆成了绿色，以求吸引路人的眼球。开业前有一天，安妮塔收到一封律师来函，律师称受安妮塔小店附近两家殡仪馆的委托控告她，要她要么不开业，要么就改变店外装饰，原因是她的小店这种花哨的装饰，破坏了殡仪馆庄严肃穆的气氛，从而影响了殡仪馆的生意。

安妮塔又好气又好笑，无奈中她灵机一动，想出了一个好主意。她打了一个电话给布利顿的《观察晚报》，声称她知道一个能吸引读者扩大销路的独家新闻：黑手党经营的殡仪馆正在恐吓一个手无缚鸡之力的可怜女人——罗蒂克·安妮塔，这个女人只不过想在她丈夫准备骑马旅行探险的时候，开一家美容小店维持生计而已。

《观察晚报》果然上当。它在显著位置报道了这个新闻，不少富有同情心和正义感的读者都来美容店安慰安妮塔，由于舆论的作用，那位律师也没有再来找麻烦。这样，小店尚未开业，就在布利顿出了名。

开业之初，美容小店顾客盈门，热闹非凡。然而不久，一切发生了戏剧性的变化，顾客渐少，生意日淡。经过反思，安妮塔终于发现，新奇感只能维持一时，不能维持一世。自己的小店最缺少的是宣传，小店虽然别具风格，自成一体，但给顾客的刺激还远远不够，需要马上改进。

一个凉风习习的早晨，市民们迎着朝阳去肯辛顿公园，发现一个奇怪的现象：一个披着曲卷头发的古怪女人沿着街道往树叶或草坪上喷洒草莓香水，清新的香气随着袅袅的晨雾飘散得很远很远。她就是安妮塔，她要营造一条通往美容小店的馨香之路，让人们认识并爱上美容小店，闻香而来，成为常客。她的这些非常奇特意外的举动，又一次上了布利顿的《观察晚报》的版面。

后来，美容小店进军美国，在临开张的前几周，纽约的广告商纷至沓来，热情洋溢地要为美容小店做广告。他们相信，美容小店一定会接受他们的建议，因为在美国，离开了广告，商家几乎寸步难行。

但安妮塔却态度鲜明地说："先生，实在抱歉，我们的预算费用中，没有广告费用这一项。"

美容小店离经叛道的做法，引起美国商界的纷纷议论：外国零售商要想在商号林立的纽约立足，若无大量广告支持，说得好听是有勇无谋，说得难听无异于自杀。

而敏感的纽约新闻媒体没有漏掉这一"奇闻"，它们在客观报道的同时，还加以评论。读者开始关注起这家来自英国的公司，觉得这家美容小店确实很怪。这实际上已经起到了广告宣传的作用，安妮塔为此节省了上百万美元的广告费。

安妮塔就是依靠这一系列标新立异的创意让媒体不自觉地时常为其免费做"广告"，使最初的一间美容小店扩张成跨国连锁美容集团，其手法令人拍案叫绝。她的公司于 1984 年上市以后，很快就使她步入了亿万富翁的行列。

安妮塔虽然没有向媒体支付过一分钱的广告费，却以自己不断推出的标新立异的做法始终受到媒体的关注，使媒体不自觉地时常为其免费做"广告"，其手法令人拍案叫绝。

回过头来思考安妮塔获得的成功，无疑还是得益于她的好思维。她懂得巧妙地运用逆向思维，用"不打广告"这一"告示"来吸引媒体的眼球，起到了免费广告的作用。

人的思维是一种很奇妙的东西，它可以向无限的空间扩展，又可以层层收缩、探其根源，还可以逆转过来，从结局推导原因，更可以将各种思维糅合在一起，系统分析，就看拥有它的人是否能够打开自己的思路，灵活地加以运用。思维是人的一种工具，你可以自由地支配和利用它。运用好自己的思维，最终，你也会收获累累硕果。

第一章 创新思维——想到才能做到

创新思维始于一种意念

事实上，我们每天都会产生创新思维。因为我们在时时刻刻地不断改变我们所持有的对世界的看法。

有人说，创新行为是一种偶然行为。不可否认，创新有其偶然性，但更多的创新实践者在创新的过程中是意识到他们的行为的意义与价值的。也就是说，他们知道自己是在创新，而且，他们有创新的欲望，创新思维已经深入他们的头脑，成为他们的一种意念。

有人称赞牛顿思路灵活、思维具有创造性，为人类做出了重大的贡献。牛顿说："我只是整天想着去发现而已。"牛顿的"整天想着去发现"就是一种创新的意念。

可以说，创新思维就始于创新的意念。在生活和工作中，如果我们能够像牛顿一样，具有强烈的创新意念，就一定会发现别人发现不了的东西。

王伟在一家广告公司做创意文案。一次，一个著名的洗衣粉制造商委托王伟所在的公司做广告宣传，负责这个广告创意的好几位文案创意人员拿出的东西都不能令制造商满意。没办法，经理让王伟把手中的事务先搁置几天，专心完成这个创意文案。

接连几天，王伟在办公室里抚弄着一整袋的洗衣粉，想："这个产品在市场上已经非常畅销了，人家以前的许多广告词也非常富有创意。那么，我该怎么下手才能重新找到一个点，做出既与众不同、又令人满意的广告创意呢?”

有一天，他在苦思之余，把手中的洗衣粉袋放在办公桌上，又翻来覆去地看了几遍，突然间灵光闪现，他想把这袋洗衣粉打开看一看。于是他找了一张报纸铺在桌面上，然后，撕开洗衣粉袋，倒出了一些洗衣粉，一边用手揉搓着这些粉末，一边轻轻嗅着它的味道，寻找感觉。

突然，在射进办公室的阳光下，他发现了洗衣粉的粉末间遍布着一些特别微小的蓝色晶体。审视了一番后，证实的确不是自己看花了眼，他便立刻起身，亲自跑到制造商那儿问这到底是什么东西，得知这些蓝色小晶体是一些“活力去污因子”。因为有了它们，这一次新推出的洗衣粉才具有了超强洁白的效果。

明白了这些情况后，王伟回去便从这一点下手，绞尽脑汁，寻找最好的文字创意，因此推出了非常成功的广告。

正因为整天都想着去发现、去创造，王伟才能够瞬间找到创作的灵感。同样，也正由于整天想着去发现，蒙牛的杨文俊才能想出方便消费者的好办法。

2002 年 2 月，时值春节，蒙牛液体奶事业本部总经理杨文俊在深圳沃尔玛超市购物时，发现人们购买整箱牛奶搬运起来非常困难。

由于当时是购物高峰，很多汽车无法开进超市的停车场，而商场停车管理员又不允许将购物手推车推出停车场，消费者只有来回好几次才能将购买的牛奶及其他商品搬上车，这一细节引起了杨文俊的重视。

此后，杨文俊就不断在思考这件事情，想着怎么样才能方便搬运整箱的牛奶。

一次偶然的机会，杨文俊购买了一台 VCD，往家拎时，拎出了灵感：

一台VCD比一箱牛奶要轻，厂家都能想到在箱子上安一个提手，我们为什么不能在牛奶包装箱上也装一个提手，使消费者在购物时更加便利呢？

这一想法在会上一经提出，就得到了大家的认同，并马上得以实施。

这个创意使蒙牛当年的液体奶销售量大幅度增长，同行也纷纷效仿。

现在看来，这一创意很简单。可为什么杨文俊能够提出来，而其他人却提不出来呢？原因就在于是否有创新的意识，是否能做到“整天想着去发现”。

我们常说“心想事成”，而“心想”是前提。如果没有“心想”的意念，自然不会产生“事成”的结果。创新思维的开启同样始于创新的意念。有了创新的意念，才能将创新更好地付诸行动。创新思维是可以培养的，只要拥有创新的意念，整天想着去发现，创新的念头和思路就会源源不断地涌现出来。

有创意就会有机会

我们常说“机遇只偏爱有准备的头脑”，何谓“有准备”呢？

过去，“有准备”指的是知识储备；但在以创新制胜的今天，光有知识储备是远远不够的，还需要创新思维与创新能力。运用创新思维产生了好的创意，就能够比别人更好地把握住机会，甚至可以创造机会。

所谓创意，就是拓宽思路，不断创造新点子，想他人之所未想，为他人之所不能为，从而以新、以奇取胜，用常规思维逻辑之外的想法赢得成功和收获！

下面这个故事的主人翁就是利用独特的创意在竞争中赢得机会的。

有家大型广告公司招聘高级广告设计师，面试的题目是要求每个应聘者在一张白纸上设计出一个自己认为是最好的方案，没有主题和内容的限制，然后把自己的方案扔到窗外。谁的方案最先设计完成，并且第一个被路人捡起来看，谁就会被录用。

设计师们开始了忙碌的工作，他们绞尽脑汁地描绘着精美的图案，甚至有的人费尽心思画出诱人的裸体美女。

就在其他人正手忙脚乱的时候，只有一个设计师非常迅速、非常从容地把自己的方案扔到了窗外，并引起路人的哄抢。

他的方案是什么呢？原来，他只是在那张白纸上贴上了一张面值100美元的钞票，其他的什么也没画。就在其他人还疲于奔命的时候，他就已经稳坐钓鱼台了。

彼得也是靠自己的创意得到加薪的机会的。

彼得和查理一起进入一家快餐店，当上了服务员。他俩的年龄一般大，也拿着同样的薪水，可是工作时间不长，彼得就得到老板的嘉奖，很快加了薪，而查理仍然在原地踏步。面对查理和周围人的牢骚与不解，老板让他们站在一旁，看看彼得是如何完成服务工作的。

在冷饮柜台前，顾客走过来要了一杯麦乳混合饮料。

彼得微笑着对顾客说："先生，您愿意在饮料中加入1个还是2个鸡蛋呢？"

顾客说："哦，1个就够了。"

这样快餐店就多卖出1个鸡蛋，在麦乳饮料中加1个鸡蛋通常是要额外收钱的。

看完彼得的工作后，经理说道："据我观察，我们大多数服务员是这样提问的：'先生，您愿意在您的饮料中加1个鸡蛋吗？'而这时顾客的回答通常是：'哦，不，谢谢。'对于一个能够在工作中积极主动地发现问题、带着创意工作的员工，我没有理由不给他加薪。"

运用创新思维，可以克服工作中的困难，提升工作效率，为企业实现最大化的经济效益；同时，也为自己提供了更为广阔的发展空间，为实现自己的人生规划扣上了重要的一环。

世界很多知名企业都很尊重与欣赏员工的创意，并且设置了价值丰厚的奖励，3M公司就是其中一家。3M公司鼓励每一个员工都要具备这样一些品质：坚持不懈、从失败中学习、好奇心、耐心、个人主观能动性、小组、合作发挥好主意的威力等。

西门子公司也构建了一种遵循“无边界”的原则创新体系。西门子的创新体系不仅仅局限于研发部门，对内，西门子公司通过一个“3i计划”来收集所有部门员工的创新建议，并为提出建议的员工颁发奖金。3个“i”字母分别来自3个单词：点子（ideas）、激情（impulses）、积极性（initiatives）。“3i计划”的目标是让每个员工不断挖掘自身的潜能。那么，它的成效如何呢？西门子的每个财政年度，员工提出的“金点子”超过10万个，当中有85%得到采纳并得到嘉奖。同时，提供金点子的员工们也能为此得到总价值高达2千万欧元的红利奖金，获最高奖的员工分别得到十几万欧元的奖金。

西门子在德国的一个工厂车间工作的3位普通工人提出了把电子元件安装到印刷电路板上的新方法，从而降低了由操作不当造成的产品不良率，立即为公司降低了12.3万欧元的成本。这3位员工也因此分别获得了2万欧元的奖金。

美国著名的企业家哈默说：“天下没有坏买卖，只有蹩脚的买卖人。”在工作中能够创造多少价值，就看能够融入多少智慧，在工作中加入创新思维，也许可以产生意想不到的价值。

创新思维就是有这样非凡的作用与威力，创新思维的巧妙运用可以产生绝妙的创意。许多企业就是凭一个好的创意发达的，许多人就是靠奇妙的创意致富的。好的创意不仅能创造财富，更是财富的化身。也有人专门靠创意来赚钱，这就是大家耳熟能详的“点子公司”或“咨询公司”。

创新思维会陪伴人的一生，要想随时都会有很多好的创意产生，关键是要认识到它的价值，抓住机会，让创意付诸实践，成为财富增长的源泉。不要放弃任何一个好的创意，好的创意就是取得财富的机会。如果你具有这种能力，就应该把握生活与工作的最佳时机，用创新思维、用创意，为自己开辟一片崭新的天地。

打破思维的定式

曾经有一位专家设计过这样一个游戏：

十几个学员平均分为两队，要把放在地上的两串钥匙捡起来，从队首传到队尾。规则是必须按照顺序，并使钥匙接触到每个人的手。

比赛开始并计时。两队的第一反应都是按专家做过的示范：捡起一串，传递完毕，再传另一串，结果都用了15秒左右。

专家提示道："再想想，时间还可以再缩短。"

其中一队似乎"悟"到了，把两串钥匙拴在一起同时传，这次只用了5秒。

专家说："时间还可以再减半，你们再好好想想！"

"怎么可能?!"学员们面面相觑，左右四顾，不太相信。

这时，场外突然有一个声音提醒道："只是要求按顺序从手上经过，不一定非得传啊！"

另一队恍然大悟，他们完全抛开了传递方式，每个人都伸出一只手扣成圆桶状，摞在一起，形成一个通道，让钥匙像自由落体一样从上落下来，既按照了顺序，同时也接触了每个人的手，所花的时间仅仅是0.5秒！

美国心理学家邓克尔通过研究发现，人们的心理活动常常会受到一种所谓"心理固着效果"的束缚，即我们的头脑在筛选信息、分析问题、做出决策的时候，总是自觉或不自觉地沿着以前所熟悉的方向和路径进行思考，而不善于另辟新路。这种熟悉的方向和路径就是“思维的定式”。

人一旦陷入思维的定式，他的潜能便被抹杀了，离创新之路也就越来越远了。下面这个小实验也许可以说明这一点。

有一只长方形的容器，里面装了 5 千克的水。如何想个最简单的办法，让容器里的水去掉一半，使之剩下 2.5 千克。

有人说，把水冻成冰，切去一半；还有人说，用另一容器量出一半。但是最简便的方法，是把容器倾斜成一定的角度。相当于将一块长方形木块，从对角线锯成两块。如果是固体，人们很自然会从这方面去想；如果是液体，就要靠思维去分析。

这个例子说明，看问题既要看到事物的这一面，又要想到事物的另一面；平面可以看成立体，液体可以想象成固体，反之亦然。它属于平面几何学的范畴。平面几何学成功地把三维中的一些问题抽象成了二维，使许多问题得以简化；而在生活中，应避免将三维简化为二维的思维定式。

在荒无人烟的河边停着一只小船，这只小船只能容纳一个人。有两个人同时来到河边，两个人都乘这只船过了河。请问，他们是怎样过河的？很简单，两人是分别处在河的两岸，先是一个渡过河来，然后另一个渡过去。

对于这道题，有些人大概“绞尽了脑汁”。的确，小船只能坐一人，如果他们是处在同一河岸，对面又没有人，他们无论如何也不能都渡过去。当然，你可能也设想了许多方法，如一个人先过去，然后再用什么方法让小船空着回来等。但你为什么始终要想到这两个人是在同一个岸边呢？题目本身并没有这样的意思呀！看来，你还是从习惯出发，从而形成了“思维栓塞”。

思维定式是人们从事某项活动的一种预先准备的心理状态，它能够影响后续活动的趋势、程度和方式。构成思维定式的因素：一是有目的地注意。猎人能够在一位旅游者毫无察觉的情况下，发现潜伏在草丛中的野兽，这就是定式的作用。二是刚刚发生的感知经验。在人多次感知两个重量不相等的钢球后，对两个重量相等的钢球也会感知为不相等。三是认知的固定倾向。如果给你看两张照片，一张照片上的人英俊、文雅，另一照片上的人凶恶、丑陋，然后对你说，这两人中有一个是全国通缉的罪犯，要你指出谁是罪犯，你大概不会犹豫吧！先前形成的经验、习惯、知识等都会使人们形成认知的固定倾向，影响后来的分析、判断，形成“思维栓塞”——即思维总是摆脱不了已有“框框”的束缚，从而表现出消极的思维定式。

对于创新思维的培养来说，思维的定式是比较可怕的，创新思维的缺乏也往往是由自我设限造成的，随着时间的推移，我们所看到的、听到的、感受到的、亲身经历的各种现象和事件，一个个都进入我们的头脑中而构成了思维模式。这种模式一方面指引我们快速而有效地应对处理日常生活中的各种小问题，然而另一方面，它却无法摆脱时间和空间所造成的局限性，让人难以走出那无形的边框，而始终在这个模式的范围内打转转。

要想培养创新思维，必先打破这种“心理固着效果”，勇敢地冲破传统的看事物、想问题的模式，以全新的思路来考察和分析面对的问题，进而才有可能产生大的突破。

拆掉“霍布森之门”

何谓“霍布森之门”?

这源于一个“霍布森选择”的故事。关于“霍布森选择”的故事版本有很多，这里讲述比较通用的一个版本。

1631年，英国剑桥有一个名叫霍布森的马匹生意商人，对前来买马的人承诺：只要给一个低廉的价格，就可以在他的马匹中随意挑选，但他附加了一个条件：只允许挑选能牵出圈门的那匹马。

这显然是一个圈套，因为好马的身形都比较大，而圈门很小，只有身形瘦小的马才能通过。实际上这是限定了范围的选择，虽然表面看起来选择面很广。那扇门即所谓的“霍布森之门”。

那么，“霍布森之门”与创新思维有关联吗？

当然有。

因为我们的头脑中都存在一个或大或小的“霍布森之门”。它就是我们对事物的固有判断。

在工作与生活中，我们常会遇到这样的情况，一方面是广泛地学习和接受新事物，也决定从中选择一些好的方向或建议，但最终都通不过一些固有的观念所造成的小门，只不过这扇门存在于自己的心中，不易被我们察觉。而正是这扇小门，成了我们迈向成功的障碍，甚至会使我们丧失解决问题的自信。

就像在我们的固有的观念中，推销一把斧子给当今美国总统简直是天方夜谭。但一位名叫乔治·赫伯特的推销员却成功地做到了。

布鲁金斯学会得知乔治把斧子推销给了当今美国总统这一消息，立即把刻有“最伟大推销员”的一只金靴子赠予他。这是自 1975 年以来，该学会的一名学员成功地把一台微型录音机卖给尼克松后，又一学员登上如此高的门槛。

布鲁金斯学会以培养世界上最杰出的推销员著称于世。它有一个传统，在每期学员毕业时，设计一道最能体现推销员能力的实习题，让学生去完成。克林顿当政期间，他们出了这么一个题目：请把一条三角裤推销给现任总统。8 年间，有无数个学员为此绞尽脑汁，可是最后都无功而返。克林顿卸任后，布鲁金斯学会把题目换成：请把一把斧子推销给小布什总统。

鉴于前 8 年的失败与教训，许多学员知难而退，个别学员甚至认为，这道毕业实习题会和克林顿当政期间一样毫无结果，因为现在的总统什么都不缺少，再说即使缺少，也用不着他亲自购买。即便他亲自购买，也不一定赶上正是你去推销。

然而，乔治·赫伯特却做到了，并且没有花多少工夫。一位记者在采访他的时候，他是这样说的："我认为，把一把斧子推销给小布什总统是完全可能的，因为布什总统在得克萨斯州有一农场，里面长着许多树。于是我给他写了一封信，说：'有一次，我有幸参观你的农场，发现里面长着许多矢菊树，有些已经死掉，木质已变得松软。我想，你一定需要一把小斧头，但是从你现在的体质来看，一些新小斧头显然太轻，因此你仍然需要一把不甚锋利的老斧头。现在我这儿正好有一把这样的斧头，很适合砍伐枯树。假若你有兴趣的话，请按这封信所留的信箱，给予回复……'最后他就给我汇来了 15 美元。"

事后，很多人发出感叹：啊，原来这么简单！可为什么那些人没有去尝试呢？因为他们头脑中已经有了一道"霍布森之门"，除了"向总统推销东西不可能成功"这一观念外，没有任何观念能够通过这道门。这道门，已经封锁了他们的前进之路。

"霍布森之门"在企业创新中的影响也极为显著。有的企业准备上一个新项目，经多方论证后，已经没有什么问题了，最后却因为决策者的保守观念而放弃。

2004 年底，IBM 公司宣布将把个人电脑部门出售给联想的时候，很多人就觉得不可思议。IBM 出售个人电脑部门的原因很复杂，但从全球计算机行业的发展来看，个人电脑业务已经过了高速增长的阶段，难以再像以前那样创造高额的利润。所以 IBM 计划把未来的发展战略进一步向纵深发展，涉足技术服务、咨询业务、软件业务、大型计算机网络和互联网等领域，这些领域远远比个人电脑业务更有利润可图。尽管大家都知道 IBM 出售个人电脑业务是出于发展战略调整的需要，但在很多人眼中，IBM 就是曾经的电脑代名词，觉得卖掉起家时的支柱在情感上难以接受。

既然是一桩合情合理的生意，为什么不能做？可见，我们在心中对一个企业的所谓定位就是一扇“霍布森之门”，纵有再多的创新想法，在遇到这些前提或限定的时候，也只能让位于情感上的保守。

要培养自己的创新思维，就必须找出我们心中的那扇“霍布森之门”，并鼓起勇气拆掉它。这样，你才能敢于放手去做你想做的事情，去开拓一片更加广阔的天地，进行更加丰富的选择。

突破“路径依赖”

我们都知道现代铁路两条铁轨之间的标准距离是固定的，无论哪个国家、哪个地区，这一数值都是4英尺又8.5英寸(1.435米)。也许你会对这个标准感到费解，为什么不是整数呢？这就要从铁路的创建说起了。

早期的铁路是由建电车的人所设计的，而4英尺又8.5英寸正是电车所用的轮距标准。那电车的轮距标准又是从何而来的呢？这是因为最先造电车的人以前是造马车的，所以电车的标准是沿用马车的轮距标准。马车又为什么要用这个轮距标准呢？这是因为英国马路辙迹的宽度是4英尺又8.5英寸，所以如果马车用其他轮距，它的轮子很快会在英国的老路上撞坏。原来，整个欧洲，包括英国的长途老路都是由罗马人为其军队所铺设的，而4英尺又8.5英寸正是罗马战车的宽度。罗马人以4英尺又8.5英寸为战车的轮距宽度的原因很简单，这是牵引一辆战车的两匹马屁股的宽度。

马屁股的宽度决定了现代铁轨的宽度，也许你会觉得有几分可笑，但事实就是如此。这一系列的演进过程，也十分形象地反映了路径依赖的形成和发展过程。

“路径依赖”这个名词，是美国斯坦福大学教授保罗·戴维在《技术选择、创新和经济增长》一书中首次提出的。最初出现在制度变迁中，由于存在自我强化的机制，这种机制使得制度变迁一旦走上某一路径，它的既定方向在以后的发展中将得到强化。

“路径依赖”也反映了我们思路的演变轨迹，思维会受既定的标准所限制，而难以有所突破。这种现象在生活中也是普遍存在的。

春秋时期的一天，齐桓公在管仲的陪同下，来到马棚视察。他一见养马人就关心地询问：“马棚里的大小诸事，你觉得哪一件事最难？”养马人一时难以回答。这时，在一旁的管仲代他回答道：“从前我也当过马夫，依我之见，编排用于拦马的栅栏这件事最难。”齐桓公奇怪地问道：“为什么呢？”管仲说道：“因为在编栅栏时所用的木料往往曲直混杂。你若想让所选的木料用起来顺手，使编排的栅栏整齐美观、结实耐用，开始的选料就显得极其重要。如果你在下第一根桩时用了弯曲的木料，随后你就得顺势将弯曲的木料用到底，笔直的木料就难以启用。反之，如果一开始就选用笔直的木料，继之必然是直木接直木，曲木也就用不上了。”

管仲虽然不知道“路径依赖”这个理论，却已经在运用这个理念来说明问题了。他表面上讲的是编栅栏建马棚的事，但其用意是在讲述治理国家和用人的道理。如果从一开始就作出了错误的选择，那么后来就只能是将错就错，很难纠正过来。由此可见“路径依赖”的可怕，如果最初的思路是错误的，也就难以得到正确的结果了。

我们在生活中、工作中常常会遇到“路径依赖”的现象，使思维陷入对传统观念的依赖中。这种依赖是创新路上的一块绊脚石，要想有所创新，就要努力突破“路径依赖”，开辟一条新的路径，像下面故事中的B公司销售人员一样。

A公司和B公司都是生产鞋的，为了寻找更多的市场，两个公司都往世界各地派了很多销售人员。这些销售人员不辞辛苦，千方百计地搜集人们对鞋的各种需求信息，并不断地把这些信息反馈给公司。

有一天，A公司听说在赤道附近有一个岛，岛上住着许多居民。A公司想在那里开拓市场，于是派销售人员到岛上了解情况。很快，B公司也听说了这件事情，他们唯恐A公司独占市场，也赶紧把销售人员派到了岛上。

两位销售人员几乎同时登上海岛，他们发现海岛相当封闭，岛上的人与大陆没有来往，他们祖祖辈辈靠打鱼为生。他们还发现岛上的人衣着简朴，几乎全是赤脚，只有那些在礁石上采拾海蛎子的人为了避免礁石硌脚，才在脚上绑海草。

两位销售人员一到海岛，立即引起了当地人的注意。他们注视着陌生的客人，议论纷纷。最让岛上人感到惊奇的就是客人脚上穿的鞋子，岛上人不知道鞋子为何物，便把它叫做“脚套”。他们从心里感到纳闷：把一个“脚套”套在脚上，不难受吗？

A公司的销售人员看到这种状况，心里凉了半截，他想，这里的人没有穿鞋的习惯，怎么可能建立鞋的市场？向不穿鞋的人销售鞋，不等于向盲人销售画册、向失聪者销售收音机吗？他二话没说，立即乘船离开海岛，返回了公司。他在写给公司的报告上说：“那里没有人穿鞋，根本不可能建立起鞋的市场。”

与A公司销售人员的情况相反，B公司的销售人员看到这种状况时心花怒放，他觉得这里是极好的市场，因为没有人穿鞋，所以鞋的销售潜力一定很大。他留在岛上，与岛上人交上了朋友。

B公司的销售人员在岛上住了很多天，他挨家挨户做宣传，告诉岛上人穿鞋的好处，并亲自示范，努力改变岛上人赤脚的习惯。同时，他还把带去的样品送给了部分居民。这些居民穿上鞋后感到松软舒适，他们再也不用担心走在路上扎脚了。这些首次穿上了鞋的人也向同伴们宣传穿鞋的好处。

这位有心的销售人员还了解到，岛上居民由于长年不穿鞋，与普通人的脚形有一些区别，他还了解了他们生产和生活的特点，然后向公司写了一份详细的报告。公司根据这些报告，制作了一大批适合岛上人穿的鞋，这些鞋很快便销售一空。不久，公司又制作了第二批、第三批……B公司终于在岛上建立了皮鞋市场，狠狠赚了一笔。

按照传统路径，海岛上的居民不穿鞋子，鞋子又怎会在这里有市场呢？然而，B公司的销售人员却突破了对这一路径的依赖，用创新的方法使居民认识到穿鞋的好处，就这样，轻而易举地打开了一片新的市场。

"路径依赖"理论不仅为我们展现了禁锢思想的原因，同时也提出了解除这种禁锢的方法，那就是从源头上突破对某一种观点或规范的依赖，尝试用一种全新的方法，走一条全新的道路。尝试为创新思维开辟一片发展的空间，在这片自由的天空下，将创造力发挥到极致，取得生活与事业的双赢。

别再恪守老经验

在日常生活中，有些人习惯于遵循老传统，恪守老经验，宁愿平平淡淡做事，安安稳稳生活，日复一日、年复一年地从事别人为他们安排好的重复性劳动，不敢有一丝的"出格"行为，对于那些未知的东西心中更是充满了畏惧。

这些人思想守旧，心不敢乱想，脚不敢乱走，手不敢乱做，凡事小心翼翼，中规中矩，虽然办事稳妥，但也不会有创造力，不懂得如何创造性地完成任务，也就不可能将工作做到卓越。下面这个故事中的主人翁，就是由于固守老经验不放手而有了那次悲惨的遭遇。事后，他悔恨地感叹：都是老经验害了他们，如果当时能够冒险试一试，哪怕只试一次，其他的船员也不会丧生孤岛。

那一次，他所在的远洋海轮不幸触礁，沉没在汪洋大海里。船上包括他在内的 9 位船员拼死登上一座孤岛，才暂时得以幸存下来。

但接下来的情形更加糟糕。岛上除了石头，还是石头，没有任何可以用来充饥的东西。更为要命的是，在烈日的暴晒下，每个人都口渴得冒烟，水成了最珍贵的东西。

尽管四周都是水——海水，可谁都知道，海水又苦又涩又咸，人饮用过后反而会更加口渴，最终会因严重脱水而死亡。现在 9 个人唯一的生存希望是老天爷下雨或过往船只发现他们。等啊等，没有任何下雨的迹象，天际除了海水还是一望无际的海水，没有任何船只经过这个死一般寂静的岛。渐渐地，他们支撑不下去了。

其他 8 名船员相继渴死，只剩下他一个。饥渴、恐惧、绝望环绕在他的四周，当他也快要渴死的时候，他实在忍受不住，跳进海水里，“咕嘟咕嘟”地喝了一肚子海水。他喝完海水，一点儿也觉不出海水的苦涩味，相反觉得这海水非常甘甜，非常解渴。他想：也许这是自己死前的幻觉吧，便静静地躺在岛上，等着死神的降临。

他睡了一觉，醒来后发现自己还活着，感到非常奇怪，于是他每天靠喝海水度日，终于等来了过往的船只。

他得以生还后，大家都很奇怪这片海水为什么是甘甜的可饮用水，后来有关专家化验岛上的海水发现，这片海下有一口地下泉。由于地下泉水的不断翻涌，所以，这儿的海水实际上是可口的泉水。

谁都知道“海水是咸的”“根本不能饮用”，这是基本的常识，因此 8 名船员被渴死了。追根究底，还是老经验害死了他们。而第 9 名船员在求救无望的生死之际，颠覆了老经验，做出了异于常人的举动，而正是这一举动使他找到了一线生存的希望。

这个故事也告诉我们，再好的经验也会成为过去，如同高科技产品一样，今天是博览会上的高、精、尖，明天就可能成为博物馆里的“古董”。下面小虎鲨的故事也见证了这一点。

小虎鲨的故事是西点军校学员的“反面教材”。

小虎鲨长在大海里，当然很习惯大海中的生存之道。肚子饿了，小虎鲨就努力找大海中的其他鱼类吃，虽然有时候要费些力气，却也不觉得困难。有时候，小虎鲨必须追逐很久才能猎到食物。这种难度，随着小虎鲨经验的增长越来越不是问题，并不对小虎鲨的生存造成影响。

很不幸，小虎鲨在一次追逐猎物时被人类捕捉住了。离开大海的小虎鲨还算幸运，一个研究机构把他买了去。关在人工鱼池中的小虎鲨虽然不自由，却不愁猎食，研究人员会定时把食物送到池中。

有一天，研究人员将一片又大又厚的玻璃放入池中，把水池分割成两半，小虎鲨却看不出来。研究人员把活鱼放到玻璃的另一边，小虎鲨等研究人员放下鱼后，就冲了过去，结果撞到玻璃，疼得眼冒金星，却什么也没吃到。小虎鲨不信邪，过了一会儿，看准了一条鱼，咻地又冲过去，这一次撞得更痛，差点没昏倒，当然也没吃到鱼。休息 10 分钟后，小虎鲨饿坏了，这次看得更准，盯住一条更大的鱼，咻地又冲过去，情况仍没有改变，小虎鲨撞得嘴角流血。它想，这到底是怎么回事?小虎鲨趴在池底思索着。

最后，小虎鲨拼着最后一口气，再冲！但是仍然被玻璃挡住，这回撞了个全身翻转，鱼还是吃不到。小虎鲨终于放弃了。

不久，研究人员又来了，把玻璃拿走，又放进小鱼。小虎鲨看着到口的鱼食，却再也不敢去吃了。

西点军校的教官告诫学员：人类也很容易像小虎鲨一样被过去的经验所限制，如果你不想没有食物吃，那就勇敢地跨过经验这道门槛。

经验告诉我们的只是过去失败的过程，而不是未来如何成功。你千万不要以为在人生这个广袤的大海里，只能抱着那些曾经的经验，在祖辈开辟的领海中游弋。与恪守老经验的人不同，具有创新思维的人长了一身的“反骨”。别人拿苹果直着切，他偏偏横着切，看看究竟有什么不同；别人说“不听老人言，吃亏在眼前”，他偏不听，偏要自己闯闯看。具有创新思维的人不愿死守传统，不愿盲从他人，凡事喜欢自己动脑筋，喜欢有自己的独立见解。他们思想开放，不拘小节，兴趣广泛，好奇心重，喜欢标新立异，最爱别出心裁。因此，具有创新思维的人脑瓜活、办法多，最能创造出好成绩。

我们都很钟爱老经验，因为经验毕竟是前人智慧的积累，是我们伸手即可取之的做事准则。但是，在当今信息瞬息万变的时代，经验已经不能代表一切，恪守老经验也不等于永远正确，更加阻碍了创新思维的发挥。所以，在生活、工作中，我们应该利用好老经验，而不是受它的束缚。

第二章　发散思维——一个问题有多种答案

从曲别针的用途想到的

一支曲别针（回形针）究竟有多少种用途？你能说出几种？十种？几十种？还是几百种？

也许你会说一支曲别针不可能有如此多的用途，那么，这只能够说明你的思维不够开阔，不够发散。下面这个关于曲别针的故事告诉你的不只是曲别针的用途，更是一种思维方法。

在一次有许多中外学者参加的如何开发创造力的研讨会上，日本一位创造力研究专家应邀出席了这次研讨活动。

面对这些创造性思维能力很强的学者同人，风度翩翩的村上幸雄先生捧来一把曲别针，说道："请诸位朋友动一动脑筋，打破框框，看谁能说出这些曲别针的更多种用途，看谁创造性思维开发得好、多而奇特！"

片刻，一些代表踊跃回答：

"曲别针可以别相片，可以用来夹稿件、讲义。"

"纽扣掉了，可以用曲别针临时钩起……"

七嘴八舌，大约说了十多种，其中较奇特的是把曲别针磨成鱼钩，引来一阵笑声。

村上对大家在不长时间内讲出 10 多种曲别针的用途，很是称道。

人们问："村上您能讲多少种？"

村上一笑，伸出 3 个指头。

“30 种？”村上摇头。

“300 种？”村上点头。

人们惊异，不由得佩服这人聪慧敏捷的思维。也有人怀疑。

村上紧了紧领带，扫视了一眼台下那些透着不信任的眼睛，用幻灯片映出了曲别针的用途……这时只见中国的一位以“思维魔王”著称的怪才许国泰先生向台上递了一张纸条。

“对于曲别针的用途，我能说出 3000 种，甚至 3 万种！”

邻座对他侧目：“吹牛不罚款，真狂！”

第二天上午 11 点，他“揭榜应战”，走上了讲台，他拿着一支粉笔，在黑板上写了一行字：村上幸雄曲别针用途求解。原先不以为然的听众一下子被吸引过来了。

“昨天，大家和村上讲的用途可用 4 个字概括，这就是钩、挂、别、联。要启发思路，使思维突破这种格局，最好的办法是借助于简单的形式思维工具——信息标与信息反应场。”

他把曲别针的总体信息分解成重量、体积、长度、截面、弹性、直线、银白色等 10 多个要素。再把这些要素，用根标线连接起来，形成一根信息标。然后，再把与曲别针有关的人类实践活动要素相分析，连成信息标，最后形成信息反应场。这时，现代思维之光，射入了这枚平常的曲别针，它马上变成了孙悟空手中神奇变幻的金箍棒。他从容地将信息反应场的坐标，不停地组切交合。

通过两轴推出一系列曲别针在数学中的用途，如，曲别针分别做成 1，2，3，4，5，6，7，8，9，0，再做成＋－×÷的符号，用来进行四则运算，运算出数量，就有 1000 万、1 亿……在音乐上可创作曲谱；曲别针可做成英、俄、希腊等外文字母，用来进行拼读；曲别针可以与硫酸反应生成氢气；可以用曲别针做指南针；可以把曲别针串起来导电；曲别针是铁元素构成，铁与铜化合是青铜，铁与不同比例的几十种金属元素分别化合，生成的化合物则是成千上万种……实际上，曲别针的用途，几乎近于无穷！

他在台上讲着，台下一片寂静。与会的人们被“思维魔王”深深地吸引着。

许国泰先生运用的方法就是发散思维法。

发散思维的概念，是美国心理学家吉尔福特在 1950 年以《创造力》为题的演讲中首先提出的，半个多世纪以来，引起了普遍重视，促进了创造性思维的研究工作。发散思维法又称求异思维、扩散思维、辐射思维等，它是一种从不同的方向、不同的途径和不同的角度去设想的展开型思考方法，是从同一来源材料、从一个思维出发点探求多种不同答案的思维过程，它能使人产生大量的创造性设想，摆脱习惯性思维的束缚，使人的思维趋于灵活多样。

发散思维要求人们的思维向四方扩散，无拘无束，海阔天空，甚至异想天开。通过思维的发散，打破原有的思维模式，提供新的结构、新的点子、新的思路、新的发现、新的创造，提供一切新的东西，特别是对于创造者可提供一种全新的思考方式。

许多发明创造者都是借助于发散思维获得成功的。可以说多数的科学家、思想家和艺术家的一生都十分注意运用发散思维进行思考。许多优秀的中学生，在学习活动中也很重视发散思维的学习运用，因此获得了较佳的学习效果。

具有发散思维的人，在观察一个事物时，往往通过联想与想象，将思路扩展开来，而不仅仅局限于事物本身，也就常常能够发现别人发现不了的事物与规律。

正确答案并不只有一个

曾有这样一则故事，一位老师要为一个学生答的一道物理题打零分，而他的学生则声称他应得满分，双方争执不下，便请校长来做仲裁人。

试题是:“试证明怎样利用一个气压计测定一栋楼的高度。”

学生的答案是:“把气压计拿到高楼顶部，用一根长绳子系住气压计，然后把气压计从楼顶向楼下坠，直到坠到街面为止，然后把气压计拉上楼顶，测量绳子放下的长度，这长度即为楼的高度。”

这是一个有趣的答案，但是这学生应该获得称赞吗?校长知道，一方面这位学生应该得到高度评价，因为他的答案完全正确。另一方面，如果高度评价这个学生，就可以为他的物理课程的考试打高分;而高分就证明这个学生知道一些物理知识，但他的回答又不能证明这一点……

校长让这个学生用6分钟回答同一个问题，但必须在回答中表现出他懂一些物理知识……在最后一分钟里，他赶忙写出他的答案，它们是:把气压计拿到楼顶，让它斜靠在屋顶边缘，让气压计从屋顶落下，用秒表记下它落下的时间，然后用落下时间中经过的距离等于重力加速度乘下落时间平方的一半算出建筑高度。

看了这个答案之后，校长问那位老师是否让步。老师让步了，于是校长给了这个学生几乎是最高的评价。正当校长准备离开办公室时，他记得那位学生说他还有另一个答案，于是校长问他是什么样的答案。学生回答说:“啊，利用气压计测出一个建筑物的高度有许多办法，例如，你可以在有太阳的日子记下楼顶上气压计的高度及影子的长度，再测出建筑物影子的长度，就可以利用简单的比例关系，算出建筑物的高度。”

“很好,”校长说,“还有什么答案?”

“有啊,”那个学生说,“还有一个你会喜欢的最基本的测量方法。你拿那气压计，从一楼登梯而上，当你登梯时，用符号标出气压计上的水银高度，这样你可利用气压计的单位得到这栋楼的高度。这个办法最直接。”

“当然，如果你还想得到更精确的答案，你可以用一根线的一段系住气压计，把它像一个摆那样摆动，然后测出街面 g 值和楼顶的。从两个 g 值之差，在原则上就可以算出楼顶高度。”最后他又说，“如果不限制我用物理方法回答这个问题，还有许多其他方法。例如，你拿上气压计走到楼底层，敲管理员的门。当管理员应声时，你对他说下面一句话，‘管理员先生，我有一个很漂亮的气压计。如果你告诉我这栋楼的高度，我将我的这个气压计送给您……’”

读完这个故事，我们被这个学生的智慧折服了。再静下来想一想，又会感叹：“为什么人们总觉得只有一个正确答案呢?”

几乎从启蒙那天开始，社会、家庭和学校便开始向我们灌输这样的思想：每个问题只有一个答案；不要标新立异；这是规矩，那是白日做梦，等等。

当然，就做人的行为准则而言，遵循一定的道德规范是对的，正所谓没有规矩，不成方圆。然而，对于思维方法的培养，制定唯一的准则这一做法是万万要不得的。

如果对思维进行约束，则只能看到事物或现象的一个或少数几个方面；在思考问题时，我们也往往认为找到一个答案就万事大吉了，不愿意或根本想不到去寻找第二种，乃至更多的解决方案，因而难以产生大的突破。

在与人交流中碰撞出智慧

智慧与智慧交换，能得到更多、更有效的智慧，与他人交换想法，你会从中获得意想不到的启发，这也是有效利用发散思维的一种表现。

一位发明家曾经讲过这样一个故事：

有一家工厂的冲床因为工人操作不慎经常发生事故，以至于多名操作工手指致残。技术人员设计了许多方案，为了解决这一问题，就是要让冲床在操作工的手接近冲头时自动停车。

他们先后采用由红外线超声波、电磁波构成的许多复杂的检测控制系统，但都因为成本高或性能不可靠等原因而放弃了。

正当技术人员一筹莫展时，他想到了交流，便带着自己的想法和工人们一块儿讨论，大家七嘴八舌，你一个点子，我一个想法，围绕避免事故这一中心，大家的建议就像放射性的线一样，射向四面八方，每一条线就是一种不同的方法。讨论了半天，最终确定了一个方案：让工人坐在椅子上操作，在椅子两边的扶手上各装一个开关，只有它们同时接通时，冲床才能启动。

操作工两手都在按开关，怎么会发生事故呢？

这样一来，交换一下想法，在发散性的建议中得出最佳的方案，原本看似复杂的问题也得到了有效的解决。

杨振宁说过，当代科学研究，不仅要充分挖掘个人智慧，而且还要积极倡导一种团队智慧，各学科、各门类的人才坐在一起，实行智慧的大融合、大交流、大碰撞，才能实现团队智慧成果的最优化。他的这种观点可谓一针见血。美国的硅谷聚集了那么多高科技企业，那么多科技精英，大家“扎堆”的目的就是近距离地搭建一个交流平台，在信息大融合中，实现信息共享、智慧共享。

许多人都知道库仑定律。据说库仑早年是巴黎的一位中学教师，对电荷之间的相互作用力很感兴趣，想找出它们的规律，但苦于无法测量出这种微小的力。法国大革命时期，库仑为求安宁去乡下暂住，对农家的纺车又产生了兴趣，看着用棉花纺的细细的纱线，觉得妙不可言。他随手抽断一根刚纺成的纱线，拿到眼前细看，注意到纱的接头总是向相反的方向卷曲，拧得越紧，反卷的圈数就越多。库仑便和纺纱的农妇交谈起来。

一位科学家和一位农妇的交谈随即引发了一个划时代的发现。

与农妇的交谈使库仑的思维更加发散，针对纱线卷曲的问题，库仑进行了许多方面的设想。最后，他终于意识到，根据纱线卷曲的程度可以度量扭力的大小，可以用同样的原理来测量电荷之间的作用力。不久，库仑回到巴黎，做出了一支利用细丝扭转角度测量力矩的极为灵敏的秤，精确测量了电荷的相互作用力与距离和电量的关系，发现了成为电学重要基础的库仑定律。

科学家与普通人之间的差别，比人们想象的要小得多，两者的交流，只有行业和性质的差别。事实证明，不同行业的交流具有极大的互补性，促使思维可以向更多的方向发散，得到更多的创见，以利于问题的解决。

每个人都需要与他人进行交流，一个人自锁书城，两豆塞耳，必然孤陋寡闻，难以超越。你有一个水果，我有一个水果，交换后仍旧是一人一个。但是人的想法却不是如此，你有一个想法，我有一个想法，交换后每人至少有两个想法，由此还会衍生出许许多多其他的想法。这也是启发发散思维的好方法。

现在我们常说的“头脑风暴”方法就是大家在一起，就一个问题各抒己见，思想碰撞的一种方法。

当一群人围绕一个特定的兴趣领域产生新观点的时候，这种情境就叫做“头脑风暴”。由于会议使用了没有拘束的规则，人们就能够更自由地思考，进入思想的新区域，从而围绕一个中心点发散性地产生很多的新观点和问题解决方法。当参加者有了新观点和想法时，他们就大声说出来，然后在他人提出的观点之上建立新观点。

所有的观点被记录下来但不进行评估，只有“头脑风暴”会议结束的时候，才对这些观点和想法进行评估。

那么你就清楚了，头脑风暴会帮助你提出新的观点。你不但可以提出新观点，而且你将只需付出很少的努力。头脑风暴是个“尝试—检测”的过程。头脑风暴中应用什么技巧取决于你欲达到的目的。你可以应用它们来解决工作中的问题，也可以应用它们来发展你的个人生活。

如果你遵循头脑风暴的规则，那么你的个人风格无论是什么样，头脑风暴也会奏效。很自然，某些技巧和环境对一些人更适合，但是头脑风暴足够柔性化，能够适合每个人。

心有多大，舞台就有多大

曾看过这样一则寓言：一条鱼从小在一个小鱼缸中长大，它的心情并不好，因为它觉得鱼缸太小了，游了一会儿就到头了。随着小鱼慢慢长大，鱼缸已经显得太小了，主人便为它换了一个稍大些的鱼缸。鱼刚刚高兴了几天，又不满意了，因为没游多会儿还是碰到了鱼缸壁。最后，主人将它放回了大海，但鱼仍然高兴不起来。因为它再也游不到“鱼缸”的边缘了，它感到很没有成就感。

我们说，心有多大，舞台就有多大。小鱼的心已经被鱼缸限制了，在大舞台上也就无法顺畅舒展了。同理，我们的思维被局限时，也很难发挥出全部的能量。而如果我们的思维能够向四面八方辐射性地发散，我们分析问题、解决问题的能力也会有一个大的提升，供我们展示才华的舞台也就会变大。

发散思维的要旨就是要学会朝四面八方想。就像旋转喷头一样，朝各个方向进行立体式的发散思考。

这首先要确定一个出发点，即先要有一个辐射源。怎样从一个辐射源出发向四面八方扩散，下面是提供的几种方法：

1. 结构发散，是以某种事物的结构为发散点，朝四面八方想，以此设想出利用该结构的各种可能性。

2. 功能发散，是以某种事物的功能为发散点，朝四面八方想，以此设想出获得该功能的各种可能性。

3. 形态发散，是以事物的形态（如颜色、形状、声音、味道、明暗等）为发散点，朝四面八方想，以此设想出利用某种形态的各种可能性。

4. 组合发散，是从某一事物出发，朝四面八方想，以此尽可能多地设想与另一事物（或一些事情）联结成具有新价值（或附加价值）的新事物的各种可能性。

5. 方法发散，是以人们解决问题的结果作为发散点，朝四面八方想，推测造成此结果的各种原因；或以某个事物发展的起因为发散点，朝四面八方想，以此推测可能发生的各种结果。

善于运用发散思维的人，常常具有别人难以比拟的“非常规”想法，能达到非同一般的解决问题的效果。艾柯卡就是一个典型的例子。

美国福特汽车公司是美国最早、最大的汽车公司之一。1956 年，该公司推出了一款新车。这款汽车式样、功能都很好，价钱也不贵，但是很奇怪，竟然销路平平，和当初设想的完全相反。

公司的经理们急得就像热锅上的蚂蚁，但绞尽脑汁也找不到让产品畅销的办法。这时，在福特汽车销售量居全国末位的费城地区，一位毕业不久的大学生，对这款新车产生了浓厚的兴趣，他就是艾柯卡。

艾柯卡当时是福特汽车公司的一位见习工程师，本来与汽车的销售毫无关系。但是，公司老总因为这款新车滞销而着急的神情，却深深地印在他的脑海里。

他开始琢磨：我能不能想办法让这款汽车畅销起来？终于有一天，他灵光一闪，于是径直来到经理办公室，向经理提出了一个创意，在报上登广告，内容为：“花 56 美元买一辆 56 型福特。”

这个创意的具体做法是：谁想买一辆 1956 年生产的福特汽车，只需先付 20%的货款，余下部分可按每月付 56 美元的办法逐步付清。

他的建议得到了采纳。结果，这一办法十分灵验，“花 56 美元买一辆 56 型福特”的广告人人皆知。

“花56美元买一辆56型福特”的做法，不但打消了很多人对车价的顾虑，还给人创造了“每个月才花56美元，实在是太合算了”的印象。

奇迹就在这样一句简单的广告词中产生了：短短3个月，该款汽车在费城地区的销售量，就从原来的末位一跃成为全国的冠军。

这位年轻工程师的才能很快受到赏识，总部将他调到华盛顿，并委任他为地区经理。

后来，艾柯卡根据公司的发展趋势，推出了一系列富有创意的举措，最终坐上了福特公司总裁的宝座。

善于运用发散思维的人不止艾柯卡，英国小说家毛姆在穷得走投无路的情况下，运用自己的发散思维，想出了一个奇怪的点子，结果居然扭转了颓势。

在成名之前，毛姆的小说无人问津，即使请书商用尽全力推销，销售的情况也不好。眼看生活就要遇到困难了，他情急之下突发奇想地用剩下的一点钱，在大报上登了一个醒目的征婚启事：“本人是个年轻有为的百万富翁，喜好音乐和运动。现征求和毛姆小说中女主角完全一样的女性共结连理。”

广告一登，书店里的毛姆小说一扫而空，一时之间“洛阳纸贵”，印刷厂必须赶工才能应付销售热潮。原来看到这个征婚启事的未婚妇女，不论是不是真有意和富翁结婚，都好奇地想了解女主角是什么模样的。而许多年轻男子也想了解一下，到底是什么样的女子能让一个富翁这么着迷，再者也要防止自己的女友去应征。

从此，毛姆的小说销售一帆风顺。

发散思维具有灵活性，具有发散思维的人思路比较开阔，善于随机应变，能够根据具体问题寻找一个巧妙地解决问题的办法，起到出其不意的效果。

培养发散思维，拓展思维的深度与广度，你的思维触角延伸有多远，你的人生舞台就展开有多大。

从无关之中寻找相关的联系

天底下许多事物，如果你仔细观察它们，就会发现一些共通的道理，这就是事物之间的相关性。我们在解决问题时可以有意识地进行发散思维，把由外部世界观察到的刺激与正在考虑中的问题建立起联系，使其相合。也就是将多种多样不相关的要素捏合在一起，以期获得对问题的不同创见。下面我们就来看一个事例。

福特汽车是美国最重要的汽车品牌之一，在全球的销售量也名列前茅。在创立之时，创办人亨利·福特一直思考着，要如何大量生产，降低单位成本，并提高在市场上的竞争力。

有一天晚上，亨利·福特对孩子说完三头小猪如何对抗野狼的故事后，突然产生一个想法，他可以去猪肉加工厂看看，或许会有一些新的发现。他参观了几家猪肉加工厂后，发现里面的作业采用天花板滑车运送肉品的分工方式，每个工人都有固定的工作，自己的部分做完后，将肉品推到下一个关卡继续处理，这样，肉品加工生产效率非常高。

亨利·福特立刻想到，肉品的作业方式也可以运用在汽车制造上。他之后和研发小组设计出一套作业流程，采用输送带的方式运送汽车零件，每个作业员只要负责装配其中的某一部分，不用像过去那样负责每部车的全部流程。亨利·福特所采用的分工作业，的确达到了他原先的要求，使得福特汽车成功地提高了全球的市场占有率，同时也变成不同车厂的作业标准。

“他山之石，可以攻玉。”我们常常可以从一些不相关的事物上获得灵感，这就是一种异中求同的归纳能力。当我们能在看来似乎毫无关联的对象中，找出更多的相同道理时，也就代表着我们能发掘更多的创意题材。因为这些相通之处，往往是其他人没有发现的，这也正是我们的成功机会。

猪肉和汽车，看似不具有相关性，但是猪肉加工厂的作业流程，却给了汽车工厂一个很好的工作模板。所以，我们也可以常常将这种异中求同的技巧运用在生活上。在我们的工作中，除了同业的做法，异业也是值得观察和学习的对象。一位歌手，可以从一位老师身上看到他在讲台上如何表现，这对自己的舞台表演一定会有所帮助。一位清洁队员和一位大企业的董事长，有什么相通的地方？或许我们可以发现，他们都很节省，或者他们的体力都很好。

索尼公司的卯木肇也是一位善于从无关之中寻找相关联系的精英。

20世纪70年代中期，索尼彩电在日本已经很有名气了，但是在美国却不被顾客所接受，因而索尼在美国市场的销售相当惨淡，但索尼公司没有放弃美国市场。后来，卯木肇担任了索尼国际部部长。上任不久，他被派往芝加哥。当卯木肇风尘仆仆地来到芝加哥时，令他吃惊不已的是，索尼彩电竟然在当地的寄卖商店里蒙满了灰尘，无人问津。

如何才能改变这种既成的印象，改变销售的现状呢？卯木肇陷入了沉思……

一天，他驾车去郊外散心，在归来的路上，他注意到一个牧童正赶着一头大公牛进牛栏，而公牛的脖子上系着一个铃铛，在夕阳的余晖下叮当叮当地响着，后面一大群牛跟在这头公牛的屁股后面，温驯地鱼贯而入……此情此景令卯木肇一下子茅塞顿开，他一路上吹着口哨，心情格外开朗。想想一群庞然大物居然被一个小孩儿管得服服帖帖的，为什么？还不是因为牧童牵着一头带头牛。索尼要是能在芝加哥找到这样一只“带头牛”商店来率先销售，岂不是很快就能打开局面？卯木肇为自己找到了打开美国市场的钥匙而兴奋不已。

马歇尔公司是芝加哥市最大的一家电器零售商，卯木肇最先想到了它。为了尽快见到马歇尔公司的总经理，卯木肇第二天很早就去求见，但他递进去的名片却被退了回来，原因是经理不在。第三天，他特意选了一个估计经理比较闲的时间去求见，但回答却是"外出了"。他第三次登门，经理终于被他的诚心所感动，接见了他，却拒绝卖索尼的产品。经理认为索尼的产品降价拍卖，形象太差。卯木肇非常恭敬地听着经理的意见，并一再表示要立即着手改变商品形象。

回去后，卯木肇立即从寄卖店取回货品，取消削价销售，在当地报纸上重新刊登大面积的广告，重塑索尼形象。

经过卯木肇的不懈努力，他的诚意终于感动了马歇尔公司，索尼彩电终于挤进了芝加哥的"带头牛"商店。随后，进入家电的销售旺季，短短一个月内，竟卖出700多台。索尼和马歇尔从中获得了双赢。

有了马歇尔这只"带头牛"开路，芝加哥的100多家商店都对索尼彩电"群起而销之"，不出3年，索尼彩电在芝加哥的市场占有率达到了30%。

不善于运用发散思维和没有敏感度的人也许很难在"小孩子牵牛"与"寻找开拓市场的方法"之间找到什么相关联的因素，就像常人难以想象"猪肉加工"与"汽车制造"有什么相通之处一样。但是，亨利·福特与卯木肇在发散思维的运用方面为我们做了一个榜样。由此，我们也可以看出，从无关之中找相关需要我们的思维足够灵活，有较强的敏感性，在获取某种外界刺激后能够很快地将该事物与自己所遇到的问题进行联系，这样，不但有效地解决了问题，而且取得了卓越的成绩。

由特殊的"点"开辟新的方法

擅长发散思维的人往往会撇开众人常用的思路，尝试多种角度的考虑方式，从他人意想不到的"点"去开辟问题的新解法。所以，在进行发散性的思维训练时，其首要因素便是要找到事物的这个"点"进行扩散。

下面这个故事就是一个巧用特殊“点”的例子。

华若德克是美国实业界的大人物。在他未成名之前，有一次，他带领属下参加在休斯敦举行的美国商品展销会。令他十分懊丧的是，他被分配到一个极为偏僻的角落，而这个角落是绝少有人光顾的。

为他设计摊位布置的装饰工程师劝他干脆放弃这个摊位，因为在这种恶劣的地理条件下，想要成功展览几乎是不可能的。

华若德克沉思良久，觉得自己若放弃这一机会实在是太可惜了。可不可以将这个不好的地理位置通过某种方式化解，使之变成整个展销会的焦点呢？

他想到了自己创业的艰辛，想到了自己受到的展销大会组委会的排斥和冷眼，想到了摊位的偏僻，他的心里突然涌现出偏远非洲的景象，觉得自己就像非洲人一样受着不应有的歧视。他走到了自己的摊位前，心中充满感慨，灵机一动：既然你们都把我看成非洲难民，那我就扮演一回非洲难民给你们看！于是一个计划应运而生。

华若德克让设计师为他营造了一个古阿拉伯宫殿式的氛围，围绕着摊位布满了具有浓郁非洲风情的装饰物，把摊位前的那一条荒凉的大路变成了黄澄澄的沙漠。他安排雇来的人穿上非洲人的服装，并且特地雇用动物园的双峰骆驼来运输货物，此外他还派人定做了大批气球，准备在展销会上用。

展销会开幕那天，华若德克挥了挥手，顿时展览厅里升起无数的彩色气球，气球升空不久自行爆炸，落下无数的胶片，上面写着：“当你拾起这小小的胶片时，亲爱的女士们先生们，你的好运就开始了，我们衷心祝贺你。请到华若德克的摊位，接受来自遥远非洲的礼物。”

这无数的碎片洒落在热闹的人群中，于是一传十，十传百，消息越传越广，人们纷纷集聚到这个本来无人问津的摊位前。强烈的人气给华若德克带来了非常可观的生意和潜在商机，而那些黄金地段的摊位反而遭受到人们的冷落。

华若德克为自己找到了一个特殊的"点"，那就是将自己的特殊位置加以利用，赋予新的定位与含义，起到吸引顾客的目的。

发散思维是有独创性的，它表现在思维发生时的某些独到见解与方法，也就是说，对刺激作出非同寻常的反应，具有标新立异的成分。

比如设计鞋子，常规的设计思路是从鞋子的款式、用料着手，进行各种变化，但万变不离其宗。运用发散思维，则可以从鞋子的功能这一特殊的"点"入手。那么鞋有哪些功能呢？

鞋可以"吃"。当然不是用嘴吃，而是用脚"吃"。即可以在鞋内加入药物，治疗各种疾病。按此思路下去，可开发出多种预防、治疗疾病的鞋子。

鞋还可以"说话"。设计一种走路的时候会响起音乐的鞋子一定会受到小孩子的欢迎。

鞋可以"扫地"。设计一种带静电的鞋子，在家里走路的时候，可以把尘土吸到鞋底上，使房间在不经意间变干净。

鞋还可以"指示方向"。在鞋子中安装指南针，调到所选择的方向，当方向发生偏离时，便会发出警报，这对野外考察、探险的人来说，是很有用处的。

这就是通过鞋子的功能这个"点"挖掘出来的潜在创意。生活中，我们需要细心地观察，找出这个特殊的"点"，由此展开，便可以收到意想不到的效果。

美国推销奇才吉诺·鲍洛奇的一段经历也向我们证明了这一理念。

一次，一家贮藏水果的冷冻厂起火，等到人们把大火扑灭，才发现有18箱香蕉被火烤得有点发黄，皮上还沾满了小黑点。水果店老板便把香蕉交到鲍洛奇的手中，让他降价出售。那时，鲍洛奇的水果摊设在杜鲁茨城最繁华的街道上。

一开始，无论鲍洛奇怎样解释，都没人理会这些"丑陋的家伙”。无奈之下，鲍洛奇认真仔细地检查那些变色香蕉，发现它们不但一点没有变质，而且由于烟熏火烤，吃起来反而别有风味。

第二天，鲍洛奇一大早便开始叫卖：“最新进口的阿根廷香蕉，南美风味，全城独此一家，大家快来买呀!”当摊前围拢的一大堆人都举棋不定时，鲍洛奇注意到一位年轻的小姐有点心动了。他立刻殷勤地将一只剥了皮的香蕉送到她手上，说：“小姐，请你尝尝，我敢保证，你从来没有尝过这样美味的香蕉。”年轻的小姐一尝，香蕉的风味果然独特，价钱也不贵，而且鲍洛奇还一边卖一边不停地说：“只有这几箱了。”于是，人们纷纷购买，18 箱香蕉很快销售一空。

从上述案例中我们可以看出，发散思维有着巨大的潜在能量，它通过搜索所有的可能性，激发出一个全新的创意。这个创意重在突破常规，它不怕奇思妙想，也不怕荒诞不经。沿着可能存在的点尽量向外延伸，或许，一些由常规思路出发根本办不成的事，其前景便很有可能柳暗花明、豁然开朗。所以，在你平日的生活中，多多发挥思维的能动性，让它带着你在思维的广阔天地任意驰骋，或许你会看到平日见不到的美妙风景。

依靠发散性思维进行发散性的创造

发散思维法的特点是以一点为核心，以辐射状向外散射。在生产、生活中，我们可以利用这种思维法来进行发散性的创造。若以一个产品为核心，可以发掘它的各种不同的功能，开发出各种各样的新产品。如围绕电熨斗这个产品，开发出了透明蒸汽电熨斗、自动关熄熨斗、自动除垢熨斗、电脑装置熨斗，等等。这些产品满足了生活中不同人群的不同需求。

下面这个故事也是围绕产品开发的一个典型例子，从中我们可以体会到发散思维法的应用价值。

1956 年，松下电器公司与日本另一家电器制造厂合资，设立了大孤精品电器公司，专门制造电风扇。当时，松下幸之助委任松下电器公司的西田千秋为总经理，自己则担任顾问。

这家公司的前身是专做电风扇的，后来又开发了民用排风扇。但即使如此，产品还是显得比较单一。西田千秋准备开发新的产品，试着探询松下的意见。松下对他说："只做风的生意就可以了。"当时松下的想法，是想让松下电器的附属公司尽可能专业化，以期有所突破。可是松下电器的电风扇制造已经做得相当卓越，完全有实力开发新的领域。但是，松下给西田的却是否定的回答。

然而，聪明的西田并未因松下这样的回答而灰心丧气。他的思维极其灵活而机敏，他紧盯住松下问道："只要是与风有关的任何产品都可以做吗?"

松下并未仔细品味此话的真正意思，但西田所问的与自己的指示很吻合，所以他毫不犹豫地回答说："当然可以了。"

5 年之后，松下又到这家工厂视察，看到厂里正在生产暖风机，便问西田："这是电风扇吗?"

西田说："不是，但是它和风有关。电风扇是冷风，这个是暖风，你说过要我们做风的生意，难道不是吗?"

后来，西田千秋一手操办的松下精工的"风家族"，已经非常丰富了。除了电风扇、排风扇、暖风机、鼓风机之外，还有果园和茶圃的防霜用换气扇、培养香菇用的调温换气扇、家禽养殖业的棚舍调温系统等。

松下的一句"只做风的生意就可以了"被西田千秋用发散思维发挥到了极致，围绕风开发出了许许多多适合不同市场的优质产品，为松下公司创造了一个又一个的辉煌。这也体现了发散思维的神奇魅力。

依靠发散性的思维进行发散性的创造，也为我们提供了一种发明创造的新模式。思维发散的过程，同时也是创意发散的过程。围绕一个中心，将思维无限蔓延，最终即可产生多种创造成果，为生活和工作带来更大的便利和收益。

第三章　收敛思维——从核心解开问题的症结

某一问题只有一种答案

收敛思维，也称聚合思维或集束思维，它是相对于发散思维而言的。它与发散思维的特点正好相反，它的特点是以某个思考对象为中心，尽可能运用已有的经验和知识，将各种信息重新进行组织，从不同的方面和角度，将思维集中指向这个中心点，从而达到解决问题的目的。这就好比凸透镜的聚焦作用，它可以使不同方向的光线集中到一点，从而引起燃烧一样。如果说，发散思维是“由一到多”的话，那么，收敛思维则是“由多到一”。当然，在集中到中心点的过程中也要注意吸收其他思维的优点和长处。收敛思维不是简单的排列组合，而是具有创新性的整合，即以目标为核心，对原有的知识从内容和结构上进行有目的的选择和重组。

隐形飞机的研制，便是运用收敛思维法的结果。这种飞机，机身和机翼造型独特，包覆隐身材料，加装红外挡板等，以减弱雷达反射波和红外辐射，使其不易被探测设备发现，从而达到“隐形”的目的。

收敛思维法主要包括层层剥笋法、目标识别法和间接注意法。这些方法促使人们从事物的各个方面入手，对各种信息进行筛选、挖掘，最终找到问题的关键所在。

收敛思维法在以严谨著称的科学界得以广泛的应用。因为一个问题的答案往往只有一个，这就需要科研工作者逐层分析问题，渐渐找到问题根源，并加以解决。

地球有多重？直到 18 世纪，这依然是摆在科学家面前的一个难题。1750 年，英国 19 岁的科学家卡文迪许向这个难题挑战。他向自己提出一个大胆的课题：称出地球的重量。他像一个小马驹闯进一片丛林，横冲直撞，思维没有一点顾忌和阻碍。在东一榔头西一棒子的冲撞中，卡文迪许想到了牛顿的万有引力。

根据万有引力定律，两个物体间的引力与两个物体之间的距离的平方成反比，与两个物体的重量成正比。这个定律为测量地球重量提供了理论根据。卡文迪许想，如果知道了两个物体之间的引力，知道了两个物体之间的距离，知道了其中一个物体的重量，就能计算出另一个物体的重量。

这在理论上是完全成立的。但是，实际测定中，还必须先了解万有引力的常数 G。因为牛顿的万有引力公式的其他几个常数都知道，唯独不知道引力常数 G。

卡文迪许利用细丝转动的原理设计了一个测定引力的装置，细丝转过一个角度，就能计算出两个铅球之间的引力，然后计算出引力常数。但是，细丝扭转的灵敏度还不够大。只有进一步提高灵敏度，才能测出两个铅球之间的引力，计算出引力常数。

灵敏度问题成了测量地球重量的关键。卡文迪许为这个问题伤透了脑筋，想了好几种办法，但是，结果都不怎么理想。

一次，孩子用镜子投射光斑的游戏使卡文迪许受到了很大的启发。他在测量装置上也装上了一面小镜子，细丝受到另一个铅球的微小引力，小镜子就会偏转一个很小的角度，小镜子反射的光就转动到一个相当大的距离。利用这个放大的距离，就能很精确地知道引力的大小。

卡文迪许用这个放大的装置精确地测出了两个引力常数，再次测出一个铅球与地球之间的引力，根据万有引力公式，很快就计算出了地球的重量。

卡文迪许测出地球重量的过程是很好地运用了收敛思维法。将测出地球重量这一问题归结为万有引力常数 G 的问题，进一步归结为测量装置灵敏度的问题，只要解决了这一根本性问题，其他问题也就迎刃而解了。从中也可以看到，在收敛思维的运用过程中，是结合灵感思维、逻辑思维等共同作用的。

我国明朝科学家徐光启也曾运用收敛思维研究出治蝗之策。

明朝时候，江苏北部曾经出现了可怕的蝗虫，飞蝗一到，整片整片的庄稼被吃掉，颗粒无收……徐光启看到人民的疾苦，想到国家的危亡，毅然决定去研究治蝗之策。他收集了自战国以来两千多年有关蝗灾情况的资料。

在这浩如烟海的资料中，他注意到了蝗灾发生的时间。151 次蝗灾中，发生在农历四月的 19 次，发生在五月的 12 次，六月的 31 次，七月的 20 次，八月的 12 次，其他月份总共只有 9 次。由此他确定了蝗灾发生的时间大多在夏季炎热时期，以六月最多。另外他从史料中发现，蝗灾大多发生在河北南部，山东西部，河南东部，安徽、江苏两省北部。为什么多集中于这些地区呢？经过研究，他发现蝗灾与这些地区湖沼分布较多有关。他把自己的研究成果向百姓宣传，并且向皇帝呈递了《除蝗疏》。

收敛思维始终受所给信息和线索决定，是深化思想和挑选设计方案的常用的思维方法和形式。它的过程是集中指向的，目标单一，其结果是寻求最佳，或者说，是在一定条件下最佳的解决方案。

收敛思维的特征

发散思维有利于增强人的思维的广阔性、开放性，有利于在空间上的拓展和时间上的延伸。收敛思维则有利于提高思维的深刻性、集中性、系统性和全面性。如果说发散思维是让思维放开，任意飞翔的话，那么收敛思维就是对放开的思维进行回收、聚拢，让它们都集中到一个焦点上。一个就像太阳，光线向四面八方扩散；一个就像宇宙中的“黑洞”，把四面八方的光线都吸到“洞”里。一个强调放，一个强调收。放者，容易散漫无际，偏离目标；收者，容易因循守旧，缺少变化。因此，我们在强调发散思维时，需要收敛思维来补充；在强调收敛思维时，需要发散思维来支持，两者是相辅相成的。

成功人士的思维既要放得开，同时又要收得拢，放是为了更好地收，收是为了更好地放。每每思考问题时，在开发创意阶段，发散思维占主导地位；在选择解决方案时，收敛思维则占主导地位。

那么，相对于发散思维，收敛思维又有怎样的特征呢?

1. 严谨性和论证性

收敛思维要求把解决的问题纳入传统的逻辑轨道，然后按照传统逻辑规则进行严谨周密的推理论证，必须是按部就班，一环扣一环地展开，特别重视因果链条，不允许用联想和想象代替推理和论证，更不允许出现跳跃。

2. 聚焦性

在解决问题时要抓住问题的聚焦点。只有清楚问题的聚焦点，才能有目的地去解决问题。如若不然，只会让自己无端地耗费精力，忙了半天，也不知自己在忙些什么，结果导致自己所做的事与要解决的问题相隔十万八千里。我们可千万不要小视它，像这种情况是普遍存在的。生活中不知有多少人一事无成，就是找不到问题的聚焦点使然，正所谓“治标不治本”。

3. 深刻性

为了争取将问题一次解决掉，我们要学会刨根问底——探讨问题的实质。很多问题的实质都是隐藏在肤浅的表象后面的，因此要想成功，一定要抓住问题的实质，然后对症下药。

收敛思维同发散思维一样，是一种独特的创造思维方式。但是，有人对收敛思维存在着误解，否认它的创造性，甚至认为它是保守的思维方式。其实，收敛思维并非保守，它对各个方面、领域都是开放的，只有如此，它集中的理论、信息、知识、方案等才能更全面、更便于比较选择，才能找到更好的答案，从而符合客观真理。

收敛思维是成功者不可缺少的一种必备思维，不管你的思维放开到何种程度，你也不能离开主题，最终都得有个思维收敛点。只有找到这些思维收敛点，才能有助于我们为信息的归属树立一个个明确的“靶子”，你才能成功地到达目的地。

层层剥笋，揭示核心

我们都知道，竹笋是由一层一层的壳包裹而成的。层层剥笋法很形象地表现出向问题的核心一步一步逼近的过程。它是收敛思维法之一，它借助于抛弃那些非本质的、繁杂的特征，以揭示出隐藏在事物表面现象内的深层本质。

这种方法常常被用于破解一些谜案，它要求人们专注于问题的核心，而巧妙运用接收到的各种信息。

1940 年 11 月 16 日，纽约爱迪生公司大楼一个窗沿上出现一个土炸弹，并附有署名 F.P. 的纸条，上面写着：“爱迪生公司的骗子们，这是给你们的炸弹!”后来，这种威胁活动越来越频繁，越来越猖狂。1955 年竟然放上了 52 颗炸弹，并炸响了 32 颗。对此，报界连篇报道，并惊呼此行动的恶劣，要求警方尽快侦破。

纽约市警方在 16 年中煞费苦心，但所获甚微。所幸还保留几张字迹清秀的威胁信，字母都是大写。其中，F.P. 写道：我正为自己的病怨恨爱迪生公司，要使它后悔自己的卑鄙罪行。为此，不惜将炸弹放进剧院和公司的大楼，等等。警方请来了犯罪心理学家布鲁塞尔博士。博士依据心理学常识，应用层层剥笋的思维技巧，在警方掌握材料的基础上进行了如下的分析推理：

1. 制造和放置炸弹的大都是男人。

2. 他怀疑爱迪生公司害他生病，属于“偏执狂”病人。这种病人一过35岁后病情就迅速加重。所以1940年时他刚过35岁，现在（1956年）他应是50出头。

3. 偏执狂总是归罪他人。因此，爱迪生公司可能曾对他处理不当，使他难以接受。

4. 字迹清秀表明他受过中等教育。

5. 约85%的偏执狂有运动员体形，所以F.P. 可能胖瘦适度，体形匀称。

6. 字迹清秀、纸条干净表明他工作认真，是一个兢兢业业的模范职工。

7. 他用“卑鄙罪行”一词过于认真，爱迪生也用全称，不像美国人所为。故他可能在外国人居住区。

8. 他在爱迪生公司之外也乱放炸弹，显然有F.P. 自己也不知道的理由存在，这表明他有心理创伤，形成了反权威情绪，乱放炸弹就是在反抗社会权威。

9. 他常年持续不断乱放炸弹，证明他一直独身，没有人用友谊或爱情来愈合其心理创伤。

10. 他无友谊，却重体面，一定是一个衣冠楚楚的人。

11. 为了制造炸弹，他宁愿独居而不住公寓，以便隐藏和不妨碍邻居。

12. 地中海各国用绳索勒杀别人，北欧诸国爱用匕首，斯拉夫国家恐怖分子爱用炸弹。所以，他可能是斯拉夫后裔。

13. 斯拉夫人多信天主教，他必然定时上教堂。

14. 他的恐吓信多发自纽约和韦斯特切斯特。在这两个地区中，斯拉夫人最集中的居住区是布里奇波特，他很可能住在那里。

15. 持续多年强调自己有病，必是慢性病。但癌症不能活16年，恐怕是肺病或心脏病，肺病现代已经很容易治愈，所以他是心脏病患者。

根据这种层层剥笋式的方式，博士最后得出结论：警方抓他时，他一定会穿着当时正流行的双排扣上衣，并将纽扣扣得整整齐齐。而且，建议警方将上述15个可能性公诸报端。F.P.重视读报，又不肯承认自己的弱点，他一定会作出反应以表现他的高明，从而自己提供线索。果不其然，1956年圣诞节前夕，各报刊载这15个可能性后，F.P.从韦斯特切斯特又寄信给警方："报纸拜读，我非笨蛋，绝不会上当自首，你们不如将爱迪生公司送上法庭为好。"依据有关线索，警方立即查询了爱迪生公司人事档案，发现在20世纪30年代的档案中，有一个电机保养工乔治·梅特斯基因公烧伤，曾上书公司诉说染上肺结核，要求领取终身残疾津贴，但被公司拒绝，数月后离职。此人为波兰裔，当时（1956年）为56岁，家住布里奇波特，父母早亡，与其姐同住一个独院。他身高1.75米，体重74公斤。平时对人彬彬有礼。1957年1月22日，警方去他家调查，发现了制造炸弹的工作间，于是逮捕了他。

当时他果然身着双排扣西服，而且整整齐齐地扣着扣子。

层层剥笋法是一种更深入的思考方法，它使人们不只停留在表面，而是着眼于事物本质的探究。当你发现问题的核心时，你也许会惊叹：解决问题原来这么简单。

据说美国华盛顿广场上有名的杰弗逊纪念大厦，因年深日久，墙面出现裂纹。为了保护好这栋大厦，有关专家进行了专门研讨。

最初大家认为损害建筑物表面的元凶是侵蚀的酸雨。专家们进一步研究，却发现对墙体侵蚀最直接的原因，是每天冲洗墙壁所含的清洁剂对建筑物有酸蚀作用。为什么每天要冲洗墙壁呢？是因为墙壁上每天都有大量的鸟粪。为什么会有那么多的鸟粪呢？因为大厦周围聚集了很多燕子。为什么会有那么多的燕子呢？因为墙上有许多燕子爱吃的蜘蛛。为什么有那么多的蜘蛛呢？因为大厦四周有蜘蛛喜欢吃的飞虫。为什么有这么多的飞虫？因为飞虫在这里繁殖特别快。而飞虫在这里繁殖特别快的原因，是这里的尘埃最适宜飞虫繁殖。为什么这里最适宜飞虫繁殖？因为开着的窗阳光充足，大量飞虫聚集在此，超常繁殖……

由此发现，解决的办法很简单，只要拉下整幢大厦的窗帘。此前专家们设计的一套套复杂而又详尽的维护方案也就成了一纸空文。

层层剥笋法也为我们提供了一种信念：不被事物的表面现象所惑，一层一层地排除外界现象的干扰，坚持下去，就可以触及问题的核心部位，为难题得以根本性解决打下基础。

目标识别法：根据目标进行判断

目标识别法要求我们在思考问题时要善于观察，发现事实和提出看法，并从中找出关键的现象，对其加以关注和深入思考。学者德波诺认为，这个方法就是要求“搜寻思维的某些现象和模式”，其要点是，确定搜寻目标，进行观察并作出判断。通过不断的训练，促进思维识别能力的提高。

在第一次世界大战时，各国训练了许多专职人员去辨别天空中的飞机，要求他们当飞机在很远的距离时就能判别出飞机的型号。现代军队，对各种武器装备的识别，也要运用这一“目标识别”方法进行训练，将观察对象的关键特征与头脑中的有关概念相联系。在思维中使用目标识别法一般是先设计或确定某一思维类型的关键现象、本质、看法等等，然后注意这一目标。这样的结果促使我们能识别特定的思维类型并采取相应的行动。

有这样一个故事，讲的就是利用目标识别法来夺取战争胜利的过程。

第一次世界大战期间，法国和德国交战时，法军的一个司令部在前线构筑了一座极其隐蔽的地下指挥部。指挥部的人员深居简出，十分诡秘。不幸的是，他们只注意了人员的隐蔽，而忽略了长官养的一只小猫。德军的侦察人员在观察战场时发现：每天早上八九点钟左右，都有一只小猫在法军阵地后方的一座土包上晒太阳。德军依此判断：

1. 这只猫不是野猫，野猫白天不出来，更不会在炮火隆隆的阵地上出没。

2. 猫的栖身处就在土包附近，很可能是一个地下指挥部，因为周围没有人家。

3. 根据仔细观察，这只猫是相当名贵的波斯品种，在打仗时还有兴趣玩这种猫的绝不会是普通的下级军官。

据此，他们判定那个掩蔽部一定是法军的高级指挥所。随后，德军集中 6 个炮兵营的火力，对那里实施猛烈袭击。事后证明，他们的判断完全正确，这个法军地下指挥所的人员全部阵亡。

目标识别法要求我们深入了解某一事物的特性，并根据这一特性进行一步步的判断，直至最终接近问题的核心。这种方法在我们的生活、工作中有着广泛的应用。如，便衣警察在公共场合抓扒手，也是通过扒手的典型举止和贪婪、诡秘的眼神来判定和跟踪。警察了解这些特殊表现，在执行任务时就会有意识地按一定的模式去搜索目标。

间接注意法：用“此”手段达到“彼”目的

间接注意法，即用一种拐了弯的间接手段，去寻找“关键”技术或目标，达到另一个真正目的。

有一个农夫分苹果的故事，讲述的就是农夫利用间接注意法达到了他原本的目的。

农夫有一个懒惰的儿子，一天，他让儿子把一堆苹果分为两种装进两个篓子里。一个篓子装大的，一个篓子装小的。傍晚农夫回到家里，看见儿子已经把苹果分开装进篓子。而且，鸟啄虫蛀的烂苹果也被挑出来堆在一边了。农夫谢过儿子，夸他干得漂亮。然后他取出一些口袋，把两个篓子里的大小苹果混装在一起。结果，大小苹果被胡乱搅和在一起，并没有按大小分开装。儿子气坏了，他不明白父亲既然要将苹果混装在一起的，可又为什么要自己费那么大力气把它们分开呢？农夫告诉儿子说，这不是什么花招。原来他是要儿子检查每一个苹果，把烂苹果扔掉。两个篓子只不过是拐了一个弯的间接手段，他的目的是要儿子非常仔细地检查每一个苹果。如果他不拐个弯，而是直截了当地叫儿子把烂苹果扔掉，那么儿子就不会仔细检查每一个苹果。他就会急急忙忙地把苹果翻检一下，只寻出那些一望而知已经坏透了的烂苹果，而不会去检查那些貌似完好其实已坏的烂苹果了。

农夫聪明地转移了儿子的注意力，他知道儿子懒惰、马虎，用直接的方法并不会收到良好的效果，便用了间接的手段，反而让儿子达到了自己的预期目标，实现了通过“B”得到“A”的结果。

善用此手法的还有美国总统林肯。

林肯早年曾当过律师。有一次，他接到这样一件案子：一个叫阿姆斯特朗的人被人诬告为谋财害命的杀人凶手。证人福尔逊一口咬定，亲眼看到阿姆斯特朗在半夜行凶杀人。对此，阿姆斯特朗难辩冤屈，眼看就要定案。林肯接案后，进行大量调查、访问，并亲自勘察现场，终于明白了其中的真相和事实。于是，法庭上出现了下面一番对话：

林肯：“你起誓说认清了阿姆斯特朗吗？”

福尔逊：“是的。”

林肯："你说你在草堆后面，阿姆斯特朗在大树底下，两处相距二三十码，能认清吗?"

福尔逊："看得清清楚楚，因为月光很亮。"

林肯：你敢肯定不是凭衣着猜测的吗?

福尔逊："我肯定认准了他的面容，因为月光正照在他脸上。"

林肯："你能肯定凶杀时间正是晚上11点钟吗?"

福尔逊："绝对肯定，因为回家时，我看了时钟，为11点一刻。"

林肯笑着点了点头，之后，迅速转向陪审团，大声地向大家宣布："证人是个十足的骗子。他发誓说18日晚上11点钟月光照在凶手脸上，使他认出了阿姆斯特朗。但是，请法庭注意，10月18日是上弦月，不到11点月亮便已下山。就算月亮没有下山，月光照到被告脸上，这时被告脸朝向西面，而证人在树东面的草堆后，根本看不到被告的脸。如果被告回头，因为月光照不到脸，证人也无从认准。"

林肯的问题转移了证人的注意力，而使其忽略了这些证词综合到一起时却构成了一个显而易见的谎言。

我们所熟悉的运用间接法的人还有利用巧妙的方法称出大象重量的曹冲。当石头与大象使船的吃水线在同一条线时，石头的重量便是大象的重量。在这个过程中，石头与船是间接测量手法的道具，却起到了重要的作用。

间接注意法往往给人一种"绕远"的错觉，为什么不采用直接的方法呢?

因为直接的方法往往达不到目的或不能很好地达到目的。就像曹冲称象，如果不用称石块的方法，恐怕要将大象宰杀之后才能得到它的体重了。前面的农夫用"苹果分大小"的方法来达到"挑出烂苹果"的目的也是一种避重就轻的智慧。

盯住一个目标不放

在南美洲的亚马逊河边，有一群羚羊在那儿悠然地吃着青青的长草。一只猎豹隐藏在远远的草丛中，竖起的耳朵四面旋转。它觉察到了羚羊群的存在，然后悄悄地、慢慢地接近羊群。

越来越近了，突然羚羊有所察觉，开始四散逃跑。猎豹像百米赛跑运动员那样，瞬时爆发，像箭一般冲向羚羊群。它的眼睛盯着一只未成年的羚羊，一直向它追去。

羚羊跑得飞快，但豹子跑得更快。在追与逃的过程中，猎豹超过了一头又一头站在旁边观望的羚羊，它没有掉头改追这些更近的猎物，而是一个劲地朝着那头未成年的羚羊疯狂地追去。那只羚羊已经跑累了，豹子也累了，在累与累的较量中，最后只能比速度和耐力。终于，猎豹的前爪搭上了羚羊的屁股，羚羊倒下了，豹子朝着羚羊的脖子狠狠地咬了下去。

可以说，一切食肉动物在选择追击目标时，总是选择那些老弱病残的，而且一旦选定目标，一般不会轻易放弃。因为中途轻易放弃选定的目标，就会前功尽弃，并且使精力有所损耗，从而使捕捉其他目标的打算更难实现，而最后的结果也必定是一无所获。

动物世界的这种普遍现象，也许是一种代代相传的本能。但是，在人们的思考过程中，依然要借鉴这种智慧。

收敛思维是针对一个问题寻求唯一正确答案的方法，在培养或运用这个思维法时，将目光集中在一个目标上，养成专注的习惯。

爱默生说："全神贯注于你所期望的事物上，必有收获。"

董必武说："精通一科，神须专注，行有余力，乃可他顾。"

美国的谚语也说：人只要专注于某一项事业，那就一定会做出使自己都感到吃惊的成绩来。

一个人一旦专注于某事，就能调整自己的思想，接受一切对他有益的信息。这样，整个世界都将是一本公开的书籍，任你随心所欲地翻阅，吸取你认为有用的精华，弃其糟粕。

甚至在一种极不平常的情形之下，只要我们能找着另一个专心的对象，我们还是能保持泰然自若的态度的。

倘若一个人十分专心于他的工作，他将会全神贯注地投入，就感觉不到外界的干扰。如果专注做一件工作，那么他只沉醉于工作，便无暇顾及自己。历史上有所成就的科学家都具有专注的品质，安培就是这样的一个典型。

一天傍晚，安培独自一人在街上散步。忽然，他脑子里想起了一道题目，于是就疾步向前面的一块“黑板”走去，并随手从口袋里掏出粉笔头，在“黑板”上演算起来。

可是，不知什么原因，“黑板”一下子挪动了地方，而安培的题还没有算完。他不知不觉地追随着“黑板”，一面走，一面计算。“黑板”越走越快，安培追不上了，这时候他才看见街上的人都朝着他哈哈大笑。安培被弄得莫名其妙，但他很快就知道了，原来那块会走动的“黑板”是一辆黑色的马车车厢的背面。

一天清晨，安培去工业大学讲课。一路上，他一边低着头走，一边还在思考着科研中的某个问题，无意间看见路上的一块小石子，形状奇异，颜色也与众不同，他觉得挺有趣。于是，俯身把小石头拾了起来，翻过来掉过去，琢磨了半晌。这时，远处的钟声敲响了，他猛地记起来还要去上课，急忙掏出怀表一看，“糟糕，上课的时间快到了”。他赶紧加快脚步，向学校走去，但脑子还是全神贯注在原先正在思考着的问题上。这时，他正走在巴黎的艺术桥上，忽然想起应该把石子扔掉，于是，他一只手把小石子装进了口袋，而另一只手却将怀表当做石子往外一抛。只见他那只装饰十分精美的怀表，在空中划出了一道“美丽的彩虹”，飞过大桥的栏杆，掉进了塞纳河。

要学习和运用收敛思维法，探究出最后的答案，就要清除头脑中分散注意力、产生压力的想法，令你的思维完完全全地融入当前的工作状态，把你的注意力集中在平静的、你能得心应手的事情上，这样会让你对自己、对别的所有的事情感到更舒服、更顺畅，在为人处世方面更加得心应手，达到事半功倍的效果。

找到问题的症结所在

有这样一个小故事：

澳大利亚是袋鼠的王国，生物学家为了研究袋鼠的生活习性，便捉了几只袋鼠并将它们关在了铁栅栏围成的笼子里，以备实验时用。

一天，管理人员发现袋鼠竟然从笼子里跑了出来，他们感到纳闷，后来开会讨论，众人一致认为是笼子的高度过低，袋鼠们从栅栏边上跳了出来。所以他们决定将笼子的高度由原来的 10 米增加到 20 米。但是第二天他们发现袋鼠还是跑到外面来了，所以他们决定再将高度增加到 30 米。

没想到过了几天，袋鼠居然全跑到外面，于是管理员们大为紧张，决定一不做二不休，将笼子的高度增加到 100 米。

小袋鼠问袋鼠妈妈："妈妈你看，这些人会不会再继续加高我们的笼子？"

袋鼠妈妈说："很难说，如果他们再继续忘记关上小铁门的话！"

生活中的许多事情都与这个故事有几分类似，人们往往能够发现问题，却不能真正找到问题的症结所在，而是盲目地把问题出现的原因归结到一些无关紧要的细枝末节上去。结果不但解决不了问题，反而浪费了巨大的物力和财力。

运用收敛思维的过程，就是将研究对象的范围一步步缩小，最终揭示核心问题的过程。所以，找到问题的实质，是彻底解决问题的关键，也是运用收敛思维应把握的原则之一。

在欧洲，自从西红柿采摘机发明之后，不少机械学家一直在忙于改进它。但是，那些经过改进的形形色色的采摘机，依然无法避免在采摘过程中把西红柿皮弄破。终于，人们注意到问题的关键不是采摘机太笨重，而是西红柿的皮太薄。要想彻底解决这个问题，只有请植物学家培育出一个新品种，使西红柿长出像水果那样厚的果皮。

从“采摘机不把西红柿皮弄破”到“让西红柿的果皮变厚”，难题得以顺利解决。

人们研究的目的是让西红柿被采摘机采下来时，保证果皮完好。无论是改进采摘机还是让西红柿的果皮变厚，都是我们解决问题、达到目的的一种手段，而非问题的本质。

我们在分析问题的时候，更多地要透过现象看到问题的本质，而不能因一些表象因素受到蒙蔽或是在思维上走进死胡同。就如同当人们发现采摘机在现有情况下无法再改进时，就应当在问题本质的指引下，主动寻找另一条出路。

所以，面对问题，我们必须要培养一种“透过现象寻找本质”的能力，要将目光集中在问题的关键点上，这样更有助于又快又好地解决问题。

20 世纪 80 年代，当古兹维塔接任可口可乐执行董事长时，面对的是百事可乐的激烈竞争，可口可乐的市场正被它蚕食。古兹维塔手下的管理者，把焦点全集中在百事可乐身上，一心一意筹划着每月增长 0.1%的市场占有率。

如何才能占有更大的市场？古兹维塔苦苦思索这个问题。

古兹维塔决定停止与百事可乐的竞争，改为与 0.1%的增长这一情境角逐。

他问起美国人一天的平均液态食品消耗量为多少，答案是 14 盎司。

可口可乐又在其中有多少？助手回答说是 2 盎司。

这时古兹维塔提出了他的看法，他说可口可乐做的只是增加市场占有率，我们的竞争对象不是百事可乐，而是需要占掉市场剩余12盎司的水、茶、咖啡、牛奶及果汁。当大家想要喝一点什么时，应该是去找可口可乐。为达此目的，可口可乐在每一个街头摆上贩卖机，销售量因此节节攀升，百事可乐从此再也追赶不上。

从争夺可乐的市场占有率，到争夺整个饮料市场的占有率，这是一个层次的提高，也是一个飞跃，为问题的解决开辟了另一条崭新的道路。

以现有的可乐饮料占有率，可口可乐和百事可乐已没有太大的竞争空间，无法创造更多利益，这时调整思路，开辟可乐在整个饮料中的市场，无疑是花同样的力气获得更大的收益。可口可乐遇到的问题是如何提高市场占有率，如何获利，这就是问题的本质。无论是从百事可乐还是其他饮料那儿争取到市场占有率，都是一种市场份额的提升，都能产生效果，而后者无疑更容易。

所有问题和需求都有发生的根源，这就是本质。问题和需求的表面现象总是与开发者的思路切入点相关，如果切入点是狭隘的，那么围绕着问题和需求的分析往往局限于自身的思路范围，问题和需求产生的原因就很难发觉。所以，无论解决何种问题，都要找到这个问题的症结在哪里，然后再分析解决它也就不难了，这也是收敛思维法运用的主旨之一。

第四章　加减思维

——解决问题的奥妙就在“加减”中

加减思维的魅力

加减思维法，又称分合思维法，是一种通过将事物进行减与加、分与合的排列组合，从而产生创新的思维法。

所谓减，就是将本来相连的事物减掉、分开、分解；所谓加，就是把两种或两种以上的事物有机地组合在一起。

由于加减思维法是一种可以将资源打乱、重新配置的思维，通过加与减的不断变化和不断配置，可以大大增加解决问题的灵活性，提高创造力。

中国四大发明之一——活字印刷术的诞生就是加减思维法运用的一个实例。

在中国，最初字是刻在竹简上，称为“简牍”，后来蔡伦造纸是一大进步。到唐代初年，雕版印刷术又被发明了，但局限性仍然很大。

宋太祖时要印一部《大藏经》，光雕版就花了 20 多年的时间，雕成的 13 万多块版子放满了几个大房间。再者，雕版中有了错字很难更改。另外，雕版很费材料，如果印过的书不再复印的话，一大堆雕版就成了废物，而要印新的书，就得重刻雕版。

毕昇起初也在使用传统的整版印刷术，但当他看到一块块精心雕刻的木板印完书后就被丢弃了，觉得十分可惜，他想：

这些字如果能够拆下来，不就可以重复使用了吗？

经过反复思考后，他选择用便宜的胶泥，将每个字分别刻成印章，然后按照文章的内容排列。

随后他又改进了制版技术。为了提高效率，他采用两块铁板，一块板印刷，另一块排字，交替使用，印得很快。

毕昇的发明主要有两点突破：一是字与字的分离；二是采用两个版，一个版印刷，一个版排字，时间上也就分离了。

这样就具有了原来印刷技术所缺乏的灵活性。开始就先强调“分”，到每一次印刷时，又根据具体需要，进行相应的“合”。这样一来，就彻底改变了原来那种死板的印刷术，使印刷技术进入了一个全新的时期。

加减思维在产业中也有普遍的适用性。在分分合合的加加减减中体现了商人非凡的智慧和卓越的办事能力。

日本有个商人开了一家药店，取名为“创意药局”。一起步，他就拿出奇招：将当时售价为200日元的常用膏药以80日元卖出，由于价格比别人低了许多，所以生意十分兴旺。有些顾客宁可多跑路也要到他的药局来购药。膏药的畅销使这位商人亏本越来越多，但也使药局很快有了知名度。3个月过后，药局开始赢利了，且利润越来越大。为什么？因为前来购药的顾客单纯买膏药的不多，许多人会顺便买一些其他药品，而这些药品是有利可图的。靠着贱卖膏药多招顾客，靠着顺带售药赢得利润，所赢大大超过所亏，不仅有盈余，还深得顾客信任，拥有良好的口碑。

有加有减，时加时减，此加彼减，目标不变，策略灵活，这就是商家的精明之处。

有这样一个例子，说四川一家饭店在当地兴起吃蛇肉时，果断地以30％的幅度压下价格，招徕大批食客，带动其他菜肴的销售，从而大大发了财。这家饭店与日本药局的做法可以说是异曲同工之妙，妙就妙在二者都是局部用减法，而全局得到的却是加法的效果。局部减法有广告功能，更有待人以诚的强大心理作用。

这就是加减思维的魅力。通过对事物进行加减、排列组合，使工作变得更便捷、更高效率，并且往往能够获得意想不到的收益。

1+1>2的奥秘

加减思维分为加法思维与减法思维，分别代表了两个方向的思维方式。

加法思维，是将本来不在一起的事物组合在一起，产生创造性的思维方法，通过加法思维，常常会产生1+1>2的神奇效果。

我们来看下面两个例子：

阿拉伯人多信奉伊斯兰教，虔诚的伊斯兰教徒每天都要向圣城麦加方向跪拜，有时，难免会因为一时辨不清圣城方向而犯愁。有一个地毯商人，发现了这个问题，就在地毯上加进一个指南针，帮助伊斯兰教徒解决了方向的问题。于是，这种带指南针的地毯顿时热销。

日本的普拉斯公司，是一家专营文具用品的小企业，一直生意冷淡。1984年，公司里一位叫玉村浩美的新职员发现，顾客来店里购买文具，总是一次要买三四种；而在中小学生的书包内，也总是散乱地放着钢笔、铅笔、小刀、橡皮等用品。玉村浩美于是想到，既然如此，为什么不把各种文具组合起来一起出售呢？她把这项创意告诉公司老板。于是，普拉斯公司精心设计了一只盒子，把五六种常用的文具摆进去。结果这种“组合式文具”大受欢迎，不但中小学生喜欢，连机关和企业的办公室人员，以及工程技术人员也纷纷前来购买。尽管这套组合文具的价格比原先单件文具的价格总和高出一倍以上，但依然十分畅销，在一年内就卖了 300 多万盒，获得了意想不到的利润。

以上两个案例都是较典型的加法思维，它的表现形式有扩展和叠加，并产生了奇妙的效果，就像画龙点睛故事当中那个点睛的神奇一笔，虽然就加那么一小点，原有的价值一下就倍增了。这种 1+1 的结果远远大于 2，我们或许可以用这种方式来表达它的功用："100+1=1001"，这个"1"就是我们需要添加的那一点东西。

还有一种加法思维是在原有的主体事物中增添新的含义。主体的基本特性不变，但由于新含义的赋予，使其性能更丰富了。

腊月里的北京，着实寒冷。某电影院门口，一对老夫妇守着几筐苹果叫卖着。或许因为怕冷，大家多是匆匆而过，生意十分冷清。不久，一位教授模样的中年人看见这一情形，上前和老夫妇商量了几句，然后走到附近商店买来一些红彩带，并与老夫妇一起，将一大一小每两个苹果扎在一起，高声叫卖道："情侣苹果，两元一对！"年轻的情侣们甚觉新鲜，买者猛增，不大一会儿，苹果就卖完了。

日本某公司为了促销它的巧克力，想出了一个绝招。它们在 1984 年的情人节推出了"情话巧克力"——在心形的巧克力上写上"你的存在，使我的人生更加有意义""我爱你"之类的情话，结果大受情侣们的欢迎，那年的销售额上涨了两倍。

在这里，主体不管是苹果还是巧克力，由于加上"情侣"或"情话"这一附加意义，效果就大不一样了。

将两种或两种以上不同领域的技术思想进行组合，以及将不同的物质产品进行组合的方法也称为加法思维。和主体附加不同，它不是丰满或增强主体的特性，而是直接产生一个新的事物。

1903 年，莱特兄弟发明了第一架飞机之后，各国纷纷研制各种型号的飞机。飞机也被广泛应用于军事领域。有人提出，是否可以将飞机和军舰结合起来，使它能发挥更大的威力呢？

于是海军专家设计了两种方案：一是给飞机装上浮桶，使飞机能在海面上起飞和降落；二是将大型军舰改装，设置飞行甲板，使飞机在甲板上起飞和降落。

1910年，法国实行第一种方案成功，随后，美国一架挂有两个气囊的飞机从改装的轻型巡洋舰上起飞成功，“航空母舰”诞生了。

飞机和军舰本来是两种完全不同的东西，组合在一起的“航空母舰”既不是飞机，也不是普通舰艇，但兼有他们各自的特性，同时，它的战斗力也比飞机与普通舰艇战斗力的相加和要大得多。

由此我们也可以看出，加法思维并非对事物的简单合并，而是具有创造性的组合。在加法思维中，事物表现出了更深层的含义和价值，巧妙地运用加法思维，你将会得到意想不到的创意。

因为减少而丰富

在减法思维下，如果要研究的对象是一块“难啃的骨头”，那么不要紧，将其一部分一部分进行研究，分开而“食”就行了。

派克先生原来是一个销售自来水笔的小店铺的店主。他每天凝视着那些待售的笔发呆，真想制造出质量更好的笔，但是他无从下手。

终于有一天，他豁然开朗，把这一问题分成若干部分进行思考：从笔的成分构成、原料组成、造型、功能等多个方面分开分析，并对现有笔的长短处进行综合分析。如从笔的构成方面分析，就可将之分为笔杆、笔尖、笔帽等部分，这几个部分又可以进一步细化。如笔帽，从造型方面分析，就有旋拧式、插入式、流线型等。

最后，他对笔进行了改进，其发明的流线型、插入式的笔帽结构获得了专利。

这就是世界著名的派克自来水笔的由来。

派克笔的成功给了我们很大的启示：和我们许多人一样，派克先生在开始进行研究时，也是一筹莫展，不知从何处入手。但是，他运用减法思维，将笔的各种要素进行分解研究，这样就很清晰地找到了下手的着力点，终于取得了非凡的创新成就。

计算机是当今高科技时代的象征。西方世界首先开发出计算机、微电脑，创造了惊人的社会效益与经济效益。作为发展中国家的我国，在这方面落后了人家一大截，只能奋起直追。但也有思维独到的人反其道而行之，不做加法，而做减法，力图在简化中寻找出路。他们的劳动有了重要的突破，取得了令人欣喜的成果——将计算机中的光驱与解码部分分离出来，就成了千家万户都喜欢的 VCD；将计算机中的文字录入编辑和游戏功能取出来，就成了学习机。VCD 与学习机的问世，造就了一个消费热点，也造就了一大产业。比尔·盖茨因此盛赞中国企业家独具慧眼，开发出一个利润丰厚的 VCD 与学习机市场，首次领导了世界高新产品的潮流。

减法思维在节约成本方面也有着较为成功的应用。

或许有人要说，节约是永恒的话题，算不上创造性思维，其实不然。有些事物本是明摆着的，可人们就是视而不见，熟视无睹，听之任之，未能进入视野；而有思维敏感性的人，注意到了它，并认真思考了，就找到了解决问题的办法。

美国一名铁路工程师办事很认真，凡事喜欢动脑筋。有一次，他在铁轨上行走，发现每一颗螺丝钉都有一截露在外面。为什么必须有多余的这一节呢？不留这一节行不行？他问过许多人，都说不出个所以然。经过试验，他发现，这一节完全没有存在的必要。于是，他决定改造这种螺丝钉。同事们都笑话他小题大做，说历来都这样做，谁也没说个不字，何必标新立异，多操闲心。这位工程师不为所动，坚持做自己的。结果每个螺丝钉节约 50 克钢铁，每公里铁轨有螺丝钉 3000 个，节约钢铁 150 公斤；他所在的公司拥有铁路 1.8 万公里，总共有 5400 万个螺丝钉，总计节约了 2700 吨钢铁。事实令同事们折服了。

减法思维涉及用人、用财、用物、用时等生活工作的各个方面，是一篇永远做不完的大文章，需要我们认真去观察、仔细去思考。掌握了减法思维的要义，你会发现生活中许多问题都迎刃而解了。

分解组合，变化无穷

加减思维法的一个特点就是对事物进行分解或组合，以构成无穷的变化状态。在运用中可以先加后减，亦可先减后加，以达到创新的目的。

美国的《读者文摘》是全世界最畅销的杂志，它的诞生来自于它的创始人德惠特·华莱士的一个“加减联用”的创意。

28 岁的时候，华莱士应征入伍，在一次战役中负伤，进入医院疗养。在养伤期间，他阅读了大量杂志，并把自己认为有用的文章抄下来。一天，他突然想：这些文章对我有用，对别人也一定有用，为什么不把它编成一册出版呢？

出院后，他把手头的 31 篇文章编成样本，到处寻找出版商，希望能够出版，但均遭到了拒绝。

华莱士没有灰心，两年后，他自费出版发行了第一期《读者文摘》。事实证明：他把最佳文章组合精编成一册袖珍型的非小说刊物是一个伟大的创意。今天，《读者文摘》发行量已达到 2000 多万册，并翻译成 10 多种文字发行。这种办刊方法也为他人所效仿。目前在我国，此类报纸杂志已有数十种。

在这里，“分”是将每一篇文章的精粹从文章中分离出来，或将每一篇文章从每本书里分离出来；“合”是每篇精选过的文章都要在《读者文摘》中以集合的方式刊登出来。这样就产生了由一大批精彩文章所组成的“集合效应”。

运用加减思维取得卓越成就的还有毛泽东主席。

解放战争时期，党中央、毛主席领导人民军队由小变大、由弱变强，最后取得全国胜利，很重要的一个原因，就是成功地应用了加减思维。当时，国民党军队有430万人，又接受了侵华日军100万人的装备，且有使用美国武器装备的45个师，更兼有美国人帮助训练的15万人的精锐部队，同时美国飞机还将54万国民党军队运送到内战前线。而人民军队则只有陆军120万人，没有海军、空军，没有外援，装备仅是小米加步枪。双方军力悬殊，难怪蒋军宣称“5个月内在军事上整体解决中共”。

在这种形势下，硬打硬拼，寸土必争，只能是以卵击石，肯定不是好办法。为此，人民解放军采取了积极防御的战略方针，以歼灭敌人的有生力量为主要目标，不以保守或夺取一城一地为主要目标。当时的指导思想是“存人失地，人地两得；存地失人，人地两失”。从思维上说，这也是减法视角的应用——缩小我们的地盘，缩短我们的战线；减小蒋军的规模，改变双方的力量对比。这是辩证法，是加法与减法的综合应用。

结果，经过8个月的激战，人民解放军放弃了105座城市和一些地方，却获得了消灭敌军65个旅——71万人的巨大战绩；而敌军虽占领了一些城市和地方，但因战线过长，兵力分散，背上包袱，最后不得不放弃全面进攻。

由此看来，“舍弃”是一种手段，“获得”才是目的。“舍弃”的是次要的、局部的、暂时的利益，“获得”的是主要的、全局的、长远的利益。这种舍弃是有计划、有目标的主动舍弃。古人说：“将欲取之，必先予之。”在条件不具备时，勉强去夺取或保存某种利益，往往吃力不讨好。如能暂时放弃它，去等待时机、创造机会，再将它夺回来，效果可能会更好。

在《三十六计》中有“欲擒故纵”一计，内容是“逼则反兵；走则减势。紧随勿迫，累其气力，消其斗志，散而后擒，兵不血刃……”。译为今文，大意是：逼迫敌人太紧，他可能因此拼死反扑，若让他逃跑，则可以削减他的气势。要盯上他，不要逼迫他，以削弱敌军斗志，拖垮他的心力，待他气力散失，而后擒拿他。

这里说的虽然是军事上两军对垒时的用计，但与商场上、思想上的两相对垒道理是相通的。

我们不妨认为，擒是加法，纵是减法；擒是获得，纵是舍弃；擒是目的，纵是手段，加减联用，方为智慧较量之上计。

为你的视角做加法

怎样培养加法思维呢？

这需要培养我们为自己的视角做加法的能力。

可以在一件东西上添加些什么吗？把它加大一些，加高一些，加厚一些，行不行？把这件东西和其他东西加在一起，会有什么结果？

饼干＋钙片＝补钙食品；

日历＋唐诗＝唐诗日历；

剪刀＋开瓶装置＝多用剪刀；

白酒＋曹雪芹＝曹雪芹家酒。

这就是“加一加”视角。

加法体现的是一种组合方式。“加一加”视角就是将双眼射向各种事物，努力思考哪几种可以组合在一起，从而产生新的功能。环顾办公室的用品、住宅里的用具，纯粹单要素的物件很少，大部分是复合物。社会的进步，永远离不开“加一加”视角。

我们的生活中的许多物品都是“加一加”视角的产物，如在护肤霜里加珍珠粉便成了珍珠霜；奶瓶上加温度计便可随时测量牛奶的温度，避免婴儿喝的奶过热或过冷；汽车上安装GPRS定位系统，便可随时锁定汽车方位，为破获汽车盗窃等案件提供了便利。

在中国香港地区市场上，中国内地、泰国、澳大利亚的大米声誉不错。中国内地大米香，泰国大米嫩，澳大利亚大米软，三者各有特色，各具优势。但奇怪的是，三者都销路平平，不见红火。或许是特色太突出而难以吊人胃口吧。米商很发愁，思考如何改变这种状况。

一天，米商突发奇想，将三种米混合起来如何？自家试着煮着吃，味道好极了。他如法炮制，自己“加工”出“三合米”，谁知得到了广泛的认同，争得了一片好行情。

三米合一，十分简单，却耐人寻味。它的神奇之处在于共生共存、取长补短——三优相加长更长，三短相接短变长；三者杂处，长处互见，短处互补。

由此推衍开去，我们可以想到鸡尾酒，想到酱醋辣的三味合一的调味品，想到农业上的复合肥，想到医药上的复方药……而航天飞机实际是火箭、飞机和宇宙飞船的组合。机械与电脑相结合的工业品和生活用品已屡见不鲜，如程控机床、电脑洗衣机、电子秤、电子照相机等。

“加一加”视角可以使事物进行重新组合，产生更有价值的物品。掌握这种方法，需要我们增加思维敏感度，多观察、多思考，便可以随时随地产生加法的创意。

减掉繁杂，留下精华

“减法”视角要求我们在观察事物时，经常问一问：把它减小一些，降低一些，减轻一些，行不行？可以省略取消什么吗？

可以降低成本吗？可以减少次数吗？可以减少些时间吗？

无线电话、无线电报以及无人售货机、无人驾驶飞机等都属“减一减”的成果。用“减一减”的办法，将眼镜架去掉，再减小镜片，就发明制造出了隐形眼镜。随着科技的发展，许多产品向着轻、薄、短、小方向发展。

生活中的许多物品都是“减一减”视角的产物，如：

肉类－油脂＝脱脂食品；

水－杂物＝纯净水；

铅笔－木材＝笔芯。

“加一加”视角将简单事物复杂化，单一功能复合化，那是一种美，使人享受丰富多彩的现代生活；“减一减”视角则将复杂事物简单化，多样功能专一化，也是一种美，给人轻快灵便、简洁明了的愉悦。

企业在成长过程中，首先面临的是由小变大的问题。没有一定规模，没有一定实力，就不可能是一个有影响力的企业，所以，大多数企业开始都是用“加法”的方式把企业做起来。但企业由大变强，就需要调整企业的产业和组织结构，可以说，企业由大变强，再通过“强”变得更大，则是靠“减法”。

万科集团起家时靠的是“加法”，最红火的时期大约是在1992年前后。1993年后，逐渐成熟起来的万科开始收缩战线，做起了“减法”：第一，1993年，在涉足的多个领域中，万科提出以房地产为主业，从而改变了过去的摊子平铺、主业不突出的局面；第二，在房地产的经营品种上，1994年，万科提出以城市中档民居为主业，从而改变了过去的公寓、别墅、商场、写字楼什么都干的做法；第三，在房地产的投资地域上，1995年底，万科提出回师深圳，由全国的13个城市转为重点经营京、津、沪特别是深圳四个城市；第四，在股权投资上，从1994年起，万科对在全国30多家企业持有的股份，开始分期转让。

万科从1984年成立，到1993年的10年间，从一个单一的摄像器材贸易商，发展到经营进出口、零售、房地产、投资、影视、广告、饮料等13大类，参股30多家企业，战线一度广布38个城市的综合经营商。对于大多数企业来说，“加法”是容易的，因为在中国经济的大发展中，机会是非常多的，换句话说，诱惑是非常多的。但在1992年底，万科却走上了“减法”之路。正是这种“先加后减”的方法，使万科成为中国房地产业的翘楚。

佛教中有个词汇叫“舍得”，正印证了减法思维的要义：有舍才有得。有时小舍会有小得，大舍会有大得，不舍则不得，这是经过了生活验证的，是普遍适用的。

增长学识，登上成功的顶峰

生活的过程就像是在攀登一座高峰，在这期间，知识成为一块块垫脚石，我们只有运用“加法”思维，不断增加自己的学识，才能在这个日新月异的世界立足，才能有望攀上成功的顶峰。

英国唯物主义哲学家弗兰西斯·培根在其《新工具》一书中提出了“知识就是力量”的著名论断，他写道：“任何人有了科学知识，才可能驾驭自然、改造自然，没有知识是不可能有所作为的。”

随着社会的发展，知识的作用愈加重要，特别是知识经济已经来临的今天，可以说，知识不仅是力量，而且是最核心的力量，是终极力量。

对此，李嘉诚先生曾深有体会地说，在知识经济的时代里，如果你有资金，但是缺乏知识，没有新的信息，无论何种行业，你越拼搏，失败的可能性越大；若你有知识，没有资金，小小的付出都能够有回报，并且很可能获得成功。

所以说，人没有钱财不算贫穷，没有学问才是真正的贫穷。加法思维在这里的正确运用就是想方设法增加学识，而不是一味地增加钱财。只有增加了学识，才能更顺利地登上成功的顶峰。

有这样一则小故事：

一次，德国戴姆勒·克莱斯勒公司里一台大型电机发生故障，几位工程师找不出毛病到底在哪儿，只得请来权威克莱姆·道尔顿。这位权威人士在现场看了一会儿，随手用粉笔在机器的一个部位画了个圆圈，表示问题就出在这里。一试，果然如此。在付报酬时，克莱姆·道尔顿开出的账单是1万美元。人们都认为要价太高了，因为他只画了一个圆圈呀。但是克莱姆·道尔顿在付款单上写道："画一个圆圈1美元，知道在哪里画圆圈值9999美元。"

多么巧妙的回答。画一个圆圈是每个人都会的，然而并不是谁都知道该画在什么地方。这正显示了知识的价值和力量。

有了知识积累，有了一定的学识，命运便会为你开启一扇幸运之门，使你一步步走向成功。

当年，华罗庚虽然辍学，但凭借对数学的热爱，他一直没有放弃学习，积累了许多数学知识，这为他以后的发展和成功打下了坚实的基础。

一次，华罗庚在一本名叫《学艺》的杂志上读到一篇《代数的五次方程式之解法》的文章，惊讶得差点叫出声来："这篇文章写错了！"于是，这个只有初中文化程度的19岁青年，居然写出了批评大学教授的文章：《苏家驹之代数的五次方程式解法不能成立之理由》，投寄给上海《科学》杂志。

华罗庚的论文发表后，引起了清华大学数学系主任熊庆来教授的注意。这位数学前辈以他敏锐的洞察力和准确的判断力认为：华罗庚将是中国数学领域的一颗希望之星！

当得知华罗庚竟是小镇上一名失学青年时，熊庆来教授大为震惊！熊庆来教授爱才心切，想方设法把华罗庚调到了清华大学当助理员。进入这所蜚声海内外的高等学府，华罗庚如鱼得水。他一边工作，一边学习、旁听，熊庆来教授还亲自指导他学习数学。

命运再一次对这位努力不懈者展现了应有的青睐。到清华大学的 4 年中，华罗庚接连发表了十几篇论文，自学了英文、德文、法文，最后被清华大学破格提升为讲师、教授。

华罗庚的事迹说明了，要增加学识，最直接、最有效的途径就是学习。学习，是对加法思维的创造性运用。如果将我们一生的成就比做一幢大厦，学习的过程就是逐渐添砖加瓦的过程。学习已经越来越具有主动创造、超前领导、生产财富和社会整合的功能。面对信息的裂变、知识的浪潮，用加法思维进行“终身学习”是每个现代人生存和发展的基础。

第五章 逆向思维

——答案可能就在事物的另一面

逆向思维是一种重要的思考能力

逆向思维法又称反向思维法，是指为实现某一创新或解决某一用常规思路难以解决的问题，而采用反向思维寻求解决问题的方法。它主要包括反转型逆向思维法、转换型逆向思维法、缺点逆用法和反推因果法。

逆向思维法的魅力之一，就是对某些事物或东西，从反面进行利用。运用逆向思维是一种创造能力。

逆向思维就是大违常理，从反面进行探索问题和解决问题的思维。

南唐后主李煜派博学善辩的徐铉到大宋进贡。按照惯例，大宋朝廷要派一名官员与其使者入朝。朝中大臣都认为自己辞令比不上徐铉，谁都不敢应战，最后反映到宋太祖那里。

太祖的做法大大出乎众人意料，命人找 10 名不识字的侍卫，把他们的名字写上送进宫，太祖用笔随便圈了个名字，说："这人可以。"在场的人都很吃惊，但也不敢提出异议，只好让这个还未明白是怎么回事的侍卫前去。

徐铉见了侍卫，滔滔不绝地讲了起来，侍卫根本搭不上话，只好连连点头。徐铉见来人只知点头，猜不出他到底有多大能耐，只好硬着头皮讲。一连几天，侍卫还是不说话，徐铉也讲累了，于是也不再吭声。

这就是历史上有名的宋太祖以愚困智解难题之举。

照一般的做法：对付善辩的人，应该是找一个更善辩的人，但宋太祖偏偏找一个不认识字的人去应对。这样一来，反倒引起了善辩高手的猜疑：认为陪伴自己的人，是代表宋朝“国家级水平”的人，既猜不透，又不敢放肆。以愚困智，只因智之长处，根本无法发挥，这实际上是一种“化废为宝”的逆向思维方式。逆向思维对经营或者技术发明同样具有很大的创新意义。

1820 年，丹麦哥本哈根大学物理学教授奥斯特，通过多次实验证实存在电流的磁效应。这一发现传到欧洲大陆后，吸引了许多人参加电磁学的研究。英国物理学家法拉第怀着极大的兴趣重复了奥斯特的实验。果然，只要导线通上电流，导线附近的磁针立即会发生偏转，他深深地被这种奇异现象所吸引。当时，德国古典哲学中的辩证思想已传入英国，法拉第受其影响，认为电和磁之间必然存在联系并且能相互转化。他想既然电能产生磁场，那么磁场也能产生电。

为了使这种设想能够实现，他从 1821 年开始做磁产生电的实验。几次实验都失败了，但他坚信，反向思考问题的方法是正确的，并继续坚持这一思维方式。

10 年后，法拉第设计了一种新的实验，他把一块条形磁铁插入一只缠着导线的空心圆筒里，结果导线两端连接的电流计上的指针发生了微弱的转动，电流产生了！随后，他又完成了各种各样的实验，如两个线圈相对运动，磁作用力的变化同样也能产生电流。

法拉第 10 年不懈的努力并没有白费，1831 年他提出了著名的电磁感应定律，并根据这一定律发明了世界上第一台发电装置。

如今，他的定律正深刻地改变着我们的生活。

法拉第成功地发现电磁感应定律，是运用逆向思维方法的一次重大胜利。传统观念和思维习惯常常阻碍着人们的创造性思维活动的展开，逆向思维就是要冲破框框，从现有的思路返回，从与它相反的方向寻找解决难题的办法。常见的方法是就事物的结果倒过来思维，就事物的某个条件倒过来思维，就事物所处的位置倒过来思维，就事物起作用的过程或方式倒过来思维。生活实践也证明，逆向思维是一种重要的思考能力，它对于人才的创造能力及解决问题能力的培养具有相当重要的意义。

做一条反向游泳的鱼

当你面对一个史无前例的难题，沿着某一固定方向思考而不得其解时，灵活地调整一下思维的方向，从不同角度展开思考，甚至把事情整个反过来想一下，那么就有可能反中求胜，摘得成功的果实。

宋神宗熙宁年间，越州（今浙江绍兴）闹蝗灾。成片的蝗虫像乌云一样，遮天蔽日。所到之处，禾苗全无，树木无叶，一片肃杀景象。因此，这年的庄稼颗粒无收。

当时，新到任的越州知州赵汴，就面临着整治蝗灾的艰巨任务。越州不乏大户之家，他们有积年存粮。老百姓在青黄不接时，大都过着半饥半饱的日子，而一旦遭灾，便缺大半年的口粮。灾荒之年，粮食比金银还贵重，哪家不想存粮活命？一时间，越州米价飞涨。

面对此种情景，僚属们都沉不住气了，纷纷来找赵汴，求他拿出办法来。借此机会，赵汴召集僚属们来商议救灾对策。

大家议论纷纷，但有一条是肯定的，就是依照惯例，由官府出告示，压制米价，以救百姓之命。僚属们七嘴八舌，说附近某州某县已经出告示压米价了，我们倘若还不行动，米价天天上涨，老百姓将不堪其苦，甚至会起事造反的。

赵汴听了大家的讨论后，沉吟良久，才不紧不慢地说：“此次救灾，我想反其道而行之，不出告示压米价，而出告示宣布米价可自由上涨。”“啊?”众僚属一听，都目瞪口呆，先是怀疑知州大人在开玩笑，而后看知州大人十分认真的样子，又怀疑这位大人是否吃错了药，在胡言乱语。赵汴见大家不理解，笑了笑，胸有成竹地说：“就这么办。起草文书吧!”

官令如山倒，大人说怎么办就怎么办。不过，大家心里都直犯嘀咕：这次救灾肯定会失败，越州将饿殍遍野，越州百姓要遭殃了！这时，附近州县都纷纷贴出告示，严禁私增米价。若有违犯者，一经查出，严惩不贷。揭发检举私增米价者，官府予以奖励。而越州则贴出不限米价的告示，于是，四面八方的米商纷纷闻讯而至。头几天，米价确实增了不少，但买米者看到米上市的太多，都观望不买。然而过了几天，米价开始下跌，并且一天比一天跌得快。米商们想不卖再运回去，但一则运费太贵，增加成本，二则别处又限米价，于是只好忍痛降价出售。这样一来，越州的米价虽然比别的州县略高点，但百姓有钱可买到米；而别的州县米价虽然压下来了，但百姓排半天队，却很难买到米。所以，这次大灾，越州饿死的人最少，受到朝廷的嘉奖。

僚属们这才佩服了赵汴的计谋，纷纷来请教其中原因。赵汴说：“市场之常性，物多则贱，物少则贵。我们这样一反常态，告示米商们可随意加价，米商们都蜂拥而来。吃米的还是那么多人，米价怎能涨上去呢?”原来奥妙在于此。

很多时候，对问题只从一个角度去想，很可能进入死胡同，因为事实也许存在完全相反的可能。有时，问题实在很棘手，从正面无法解决，这时，假如探寻逆向可能，反倒会有出乎意料的结果。

有一个故事，主人公也是运用了逆向思维的手法而取得了不错的收益。

巴黎的一条大街上，同时住着三个不错的裁缝。可是，因为离得太近，所以生意上的竞争非常激烈。为了能够压倒别人，吸引更多的顾客，裁缝们纷纷在门口的招牌上做文章。一天，一个裁缝在门前的招牌上写上了“巴黎城里最好的裁缝”，结果吸引了许多顾客光临。看到这种情况以后，另一个裁缝也不甘示弱。第二天，他在门口挂出了“全法国最好的裁缝”的招牌，结果同样招揽了不少顾客。

第三个裁缝非常苦恼，前两个裁缝挂出的招牌吸引了大部分的顾客，如果不能想出一个更好的办法，很可能就要成为“生意最差的裁缝”了。但是，什么词可以超过“全巴黎”和“全法国”呢？如果挂出“全世界最好的裁缝”的招牌，无疑会让别人感觉到虚假，也会遭到同行的讥讽。到底应该怎么办？正当他愁眉不展的时候，儿子放学回来了。当他知道父亲发愁的原因以后，笑着说：“这还不简单！”随后挥笔在招牌上写了几个字，挂了出去。

第三天，另两个裁缝站在街道上等着看他们的另一个同行的笑话，但事情却超出了他们的意料。因为，他们发现，很多顾客都被第三个裁缝“抢”走了。这是什么原因？原来，妙就妙在他的那块招牌上，只见上面写着“本街道最好的裁缝”几个大字。

在竞争日趋激烈的今天，人们更需要借助于非常规的思维方式来取胜。在上面的故事中，面对其他人提出的全城和全国的“大”，裁缝的儿子却利用街道的“小”来做文章，并最终取得了胜利。因为在全城或者全国，他不一定是最好的，但在街道这个特定区域里，他就是最好的，而这才是具有绝对竞争力的。

思维逆转本身就是一种灵感的源泉。遇到问题，我们不妨多想一下，能否朝反方向考虑一下解决的办法。反其道而行是人生的一种大智慧，当别人都在努力向前时，你不妨倒回去，做一条反向游泳的鱼，去寻找属于你的道路。

反转你的大脑

人一旦形成了某种认知，就会习惯地顺着这种思维定式去思考问题，习惯性地按老办法想当然地处理问题，不愿也不会转个方向解决问题，这是很多人都有的一种愚顽的“难治之症”。这种人的共同特点是习惯于守旧、迷信盲从，所思所行都是唯上、唯书、唯经验，不敢越雷池一步。而要使问题真正得以解决，往往要废除这种认知，将大脑“反转”过来。

美国的一个城市有座著名的高层大厦，因客人不断增多，很多人常常被堵在电梯口。大厦主人决定增建一座电梯。电梯工程师和建筑师为此反复勘察了现场，研究再三，决定在各楼层凿洞，再安装一部新电梯。不久，图纸设计好了，施工也已准备就绪。这时，一个清洁工人听说要把各层地板凿开装电梯，便说：

“这可要搞得天翻地覆喽！”

“是啊！”工程师回答说。

“那么，这个大厦也要停止营业了？”

“不错，但是没有别的办法。如果再不安装一部电梯，情况比这更糟。”

“要是我呀，就把新电梯安装在大楼外边。”清洁工不以为然地说。

没料到，这个“不以为然”的想法，竟让他成为世界上把电梯安装在大楼外边的“首创”者。

有人也许会问，论知识水平，工程师比清洁工高得多，可工程师为什么想不到这一点呢？说来也不奇怪。原来在这两位工程师的心目中，楼梯不管是木制的、混凝土的还是电动的，都是建在楼内之梯。如今要新增电梯，理所当然也只能建在楼内、楼外，他们连想也没想过。

清洁工人却根本没有这个框框。她所想的是实际问题：怎样才能不影响公司正常营业，她本人也不至于失去工作？于是她便很自然地提出把新电梯建在楼外的想法。

言者无意，听者有心。清洁工的一句话打破了两位工程师的思维习惯，开通了他们的创新思路。世界上第一部大楼外安装的电梯就这样诞生了。

事实表明，一个人只要陷入思维定式，他的思维便会自我封闭。要想突破束缚和禁锢，提高自己的思维能力，就必须时刻注意反转你的大脑。

有一家旅馆的经理，对于旅馆内的一些物品经常被住宿的旅客顺手牵羊的事情感到头痛，却一直拿不出很有效的对策来。

他嘱咐属下在客人到柜台结账时，要迅速派人去房内查看是否有什么东西不见了。结果客人都在柜台前等待，直到房务部人员查清楚之后才能结账，不但结账太慢，而且觉得面子挂不住，下一次再也不住这个旅馆了。

旅馆经理觉得这样下去不是办法，于是召集了各部门主管，想想有什么更好的法子，能制止旅客顺手牵羊。

几个主管围坐在一起冥思苦想了一番。一位年轻主管忽然说："既然旅客喜欢，为什么不让他们带走呢？"

旅馆经理一听瞪大了眼睛，这是哪门子的馊主意？

年轻主管急忙挥挥手表示还有下文，他说："既然顾客喜欢，我们就在每件东西上标价。说不定还可以有额外收入呢！"

大家眼睛都亮了起来，兴奋地按计划进行。

有些旅客喜欢顺手牵羊，并非蓄意偷窃，而是因为很喜欢房内的物品，下意识觉得既然付了这么贵的房租，为什么不能取回家做纪念品，而且又没明文规定哪些不能拿，于是，就故意装糊涂拿走一些小东西。

针对这一点，这家旅馆给每样东西都标上了标价，说明客人如果喜欢，可以向柜台登记购买。在这家旅馆之内，忽然多出了好多东西，像墙上的画、手工艺品、有当地特色的小摆饰、漂亮的桌布，甚至柔软的枕头、床罩、椅子等用品都有标价。如此一来，旅馆里里外外都布置得美轮美奂，给客人们的印象好极了。

这家旅馆的生意竟然越来越好了！

反转大脑，要求我们深入考察问题，发现问题的根源所在。就像文中这位年轻的主管，他发现客人“顺手牵羊”并非想占便宜，而是真心喜欢旅馆的装饰品，那么，解决的方法很简单：明码标价，卖给他们就行了。在平时的工作学习中，我们也不要让自己陷入思维的死胡同，要懂得适时反转自己的大脑，运用逆向思维，以使问题获得解决。

试着“倒过来想”

很多时候，你只从一个角度去想事情，很可能让自己的想法进入死胡同，无法寻求到解决问题的有效方法。甚至有些时候，问题非常棘手，从正面或侧面根本没法解决。这个时候，如果你试着“倒过来想”，没准就会有出乎意料的惊喜！

有这样一个故事：

古时候，一位老农得罪了当地的一个富商，被其陷害关入了大牢。当地有这样一项法律：当一个人被判死刑，还可以有一次拈阄的机会，只有生死两签，要么判处死刑，要么救下一命，改为流放。

陷害老农的富商，怕这个老农运气好，抓了个生签，便决定买通制阄人，要两签均为“死”。老农的女儿探知这一消息，大为震惊，认为父亲必死无疑。但老农一听此事，反倒喜形于色：“我有救了。”执行之日，老农果然轻易得活，让家人和陷害者大惊失色。

他用的是什么方法呢？原来，当要拈阄时，老农随便抓一个往口里一丢，说："我认命了，看余下的是什么吧？"结果打开一看，确实是"死"。制阄人自然不敢说自己造了假，于是断定其所抓之阄是"生"。老农死里逃生。

这就是"倒过来想"的魅力！在遇到问题时，多从对立面想一想，既能把坏事变好事，又能发现许多创造的良机。

20 世纪 60 年代中期，全世界都在研究制造晶体管的原料——锗，大家认为最大的问题是如何将锗提炼得更纯。

索尼公司的江崎研究所，也全力投入了一种新型的电子管研究。为了研究出高灵敏度的电子管，人们一直在提高锗的纯度上下工夫。当时，锗的纯度已达到了 99.9999999%，要想再提高一步，真是比登天还难。

后来，有一个刚出校门的黑田由子小姐，被分配到江崎研究所工作，担任提高锗纯度的助理研究员。这位小姐比较粗心，在实验中老是出错，免不了受到江崎博士的批评。后来，黑田小姐发牢骚说："看来，我难以胜任这提纯的工作，如果让我往里掺杂质，我一定会干得很好。"

不料，黑田小姐的话突然触动了江崎的思绪，如果反过来会如何呢？于是，他真的让黑田小姐一点一点地向纯锗里掺杂质，看会有什么结果。

于是，黑田小姐每天都朝相反的方向做实验，当黑田把杂质增加到 1000 倍的时候（锗的纯度降到了原来的一半），测定仪器上出现了一个大弧度的局限，几乎使她认为是仪器出了故障。黑田小姐马上向江崎报告了这一结果。江崎又重复多次这样的试验，终于发现了一种最理想的晶体。接着，他们又发明出自动电子技术领域的新型元件，使用这种电子晶体技术，电子计算机的体积缩小到原来的 1/4，运行速度提高了十多倍。此项发明一举轰动世界，江崎博士和黑田小姐分别获得了诺贝尔物理学奖和民间诺贝尔奖。

"倒过来想"就是如此神奇，看似难以解决的问题，从它的反面来考虑，立刻迎刃而解了。这种方法不只适用于科学研究，也能在企业经营中催生出一些好的策略。

北京某制药企业刚刚生产一种特效药，价钱比较高，企业又没有很多预算做广告和促销，所以销量一直不是很高。有一天，企业在运货过程中无意将一箱药品丢失，造成几万元的损失。面对这样一个突发事件，企业的领导层没有简单地惩罚当事人了事，而是将问题倒过来想，试图从问题的反方向来解决，并迅速形成了一个意在营销的决策：马上在各个媒体上发表声明，告诉公众自己丢失了一箱某种品牌的特效药，价值名贵，疗效显著，但是需要在医生指导下服用，因此企业本着对消费者负责的态度，希望拾到者能将药品送回或妥善处理而不要擅自服用。企业最终并没有找到丢失的药品，但是声明过后，通过媒体以及读者茶余饭后的口口相传，消费者对该药品、品牌和企业的认识度与信赖感明显提高。很快，药品的知名度和销量迅速上升，这个创意为企业创造的效益已经远远高于丢失药品导致的损失了。

“倒过来想”的方法可以拓展我们的思维广度，为问题的解决提供一个新的视角。我们已经习惯了“正着想问题”的思维模式，偶尔尝试着“倒过来想”，也许你会获得“柳暗花明又一村”的效果。

反转型逆向思维法

反转型逆向思维法是指从已知事物的相反方向进行思考，寻找发明构思的途径。

“事物的相反方向”常常从事物的功能、结构、因果关系等三个方面作反向思维。

火箭首先是以“往上发射”的方式出现的。后来，前苏联工程师米海依却运用此方法，设计、研究成功了“往下发射”

的钻井火箭、穿冰层火箭、穿岩石火箭等，统称为钻地火箭。

科技界把钻地火箭的发明视为引起了一场“穿地手段”的革命。

原来的破冰船起作用的方式都是由上向下压，后来有人运用反转型逆向思维法，研制出了潜水破冰船。这种破冰船将“由上向下压”改为“从下往上顶”，既减少了动力消耗，又提高了破冰效率。

隧道挖掘的传统的方法是：先挖洞，挖过一段距离后，便开始打木桩，用以支撑洞壁，然后再继续往前挖；有了一段距离后，再用木桩支撑洞壁，这样一段一段连接起来，便成了隧道。

这样的挖法，要是碰上坚硬的岩石算是走运，一旦碰上土质疏松的地段，麻烦就大了。有时还会造成塌方，把已经挖好的隧道堵死，甚至会有人员伤亡。

美国有一位工程师解决了这一难题。他对原有的挖掘方法采取了“倒过来想”的思考方式，对挖掘隧道的过程采取颠倒的做法：先按照隧道的形状和大小，挖出一系列的小隧道，然后往这些小隧道内灌注混凝土，使它们围拢成一个大管子，形成隧道的洞壁。

洞壁确定以后，接下来再用打竖井的方法挖洞。实践证明，这种先筑洞壁、后挖洞的新方法，不仅可以避免洞壁倒塌，而且可以从隧道的两头同时挖掘，既省工又省时，效果非常显著，世界上许多国家都采纳了这一方法。

反转型逆向思维法针对事物的内部结构和功能从相反的方向进行思考，对于事物结构与功能的再造有着突出的作用。它的应用范围很广泛，商业办公中常用的防影印纸便是这种思维方法下的产物。

格德纳是加拿大一家公司的普通职员。一天，他不小心碰翻了一个瓶子，瓶子里装的液体浸湿了桌上一份正待复印的文件。文件非常重要。

格德纳很着急，心想这下可闯祸了，文件上的文字可能看不清了。

他赶紧抓起文件来仔细察看，令他感到奇怪的是，文件上被液体浸染的部分，其字迹依然清晰可见。

当他拿去复印时，又一个意外情况出现了，复印出来的文件，被液体污染后很清晰的那部分，竟变成了一团黑斑，这又使他转喜为忧。

为了消除文件上的黑斑，他绞尽脑汁，但一筹莫展。

突然，他头脑中冒出一个针对“液体”与“黑斑”倒过来想的念头。自从复印机发明以来，人们不是为文件被盗印而大伤脑筋吗？为什么不以这种“液体”为基础，化其不利为有利，而研制一种能防止盗印的特殊液体呢？

格德纳利用这种逆向思维，经过长时间艰苦努力，最终把这种产品研制成功。但他最后推向市场的不是液体，而是一种深红的影印纸，并且销路很好。

从上述案例可知，反转型逆向思维法在发明应用实践中，有的是方向颠倒，有的则是结构倒装，或者功能逆用。

运用这种思维方法时，首要的是找准“正”与“反”两个对立统一的思维点，然后再寻找突破点。像大与小、高与低、热与冷、长与短、白与黑、歪与正、好与坏、是与非、古与今、粗与细、多与少等，都可以构成逆向思维。大胆想象，反中求胜，均可收获创意的珍珠。

转换型逆向思维法

转换型逆向思维法是指在研究一问题时，由于解决某一问题的手段受阻，而转换成另一种手段，或转换思考角度，以使问题顺利解决的思维方法。

有这样一则故事：

一位犹太大富豪走进一家银行。

“请问先生，您有什么事情需要我们效劳吗？”贷款部营业员一边小心地询问，一边打量着来人的穿着：名贵的西服、高档的皮鞋、昂贵的手表，还有镶宝石的领带夹……“我想借点钱。”“完全可以，您想借多少呢？”“1美元。”“只借1美元？”贷款部的营业员惊愕地张大了嘴巴。“我只需要1美元。可以吗？”贷款部营业员的大脑立刻高速运转起来，这人穿戴如此阔气，为什么只借1美元？他是在试探我们的工作质量和服务效率吧？他装出高兴的样子说：“当然，只要有担保，无论借多少，我们都可以照办。”

“好吧。”犹太人从豪华的皮包里取出一大堆股票、债券等放在柜台上，“这些作担保可以吗？”

营业员清点了一下：“先生，总共50万美元，作担保足够了，不过先生，您真的只借1美元吗？”

“是的，我只需要1美元。有问题吗？”

“好吧，请办理手续，年息为6%，只要您付6%的利息，且在一年后归还贷款，我们就把这些作担保的股票和证券还给您……”

犹太富豪办完手续正要走，一直在一边旁观的银行经理怎么也弄不明白，一个拥有50万美元的人，怎么会跑到银行来借1美元呢？

他追了上去：“先生，对不起，能问您一个问题吗？”

“当然可以。”

“我是这家银行的经理，我实在弄不懂，您拥有50万美元的家当，为什么只借1美元呢？”

“好吧！我不妨把实情告诉你。我来这里办一件事，随身携带这些票券很不方便，问过几家金库，要租他们的保险箱租金都很昂贵。所以我就到贵行将这些东西以担保的形式寄存了，由你们替我保管，况且利息很低，存一年才不过6美分……”

经理如梦方醒，但他也十分钦佩这位先生，他的做法实在太高明了。

这位犹太富豪巧妙地运用了转换型逆向思维法，为了规避昂贵的租金，他转换另一种手段，从反方向思考，将随身财物作为贷款抵押，每年只需付极少的利息，就轻松地解决了问题。

这是一种非同寻常的智慧，需要我们的思路保持灵活，不受传统观念或习惯所拘束。据说，鞋子的产生也源于转换型逆向思维法的运用。

很久以前，还没有发明鞋子，所以人们都赤着脚，即使是冰天雪地也不例外。有一个国家的国王喜欢打猎，他经常出去打猎，但是他进出都骑马，从来不徒步行走。

有一回他在打猎时偶尔走了一段路，可是真倒霉，他的脚让一根刺扎了。他痛得“哇哇”直叫，把身边的侍从大骂了一顿。第二天，他向一个大臣下令：一星期之内，必须把城里大街小巷统统铺上毛皮。如果不能如期完工，就要把大臣绞死。一听到国王的命令，那个大臣十分惊讶。可是国王的命令怎么能不执行呢？他只得全力照办。大臣向自己的下属官吏下达命令，官吏们又向下面的工匠下达命令。很快，往街上铺毛皮的工作就开始了，声势十分浩大。

铺着铺着就出现了问题，所有的毛皮很快就用完了。于是，不得不每天宰杀牲口。一连杀了成千上万的牲口，可是铺好的街还不到百分之一。

离限期只有两天了，急得大臣消瘦了许多。大臣有一个女儿，非常聪明。她对父亲说：“这件事由我来办。”

大臣苦笑了几声，没有说话。可是姑娘坚持要帮父亲解决难题。她向父亲讨了两块皮，按照脚的模样做了两只皮口袋。

第二天，姑娘让父亲带她去见国王。来到王宫，姑娘先向国王请安，然后说：“大王，您下达的任务，我们都完成了。您把这两只皮口袋穿在脚上，走到哪儿去都行。别说小刺，就是钉子也扎不到您的脚!”

国王把两只皮口袋穿在脚上，然后在地上走了走。他为姑娘的聪明而感到惊奇，穿上这两只皮口袋走路舒服极了。

国王下令把铺在街上的毛皮全部揭起来。很快，揭起来的毛皮堆成了一座山，人们用它们做了成千上万双鞋子，而且想出了许多不同的样式。

许多人遇到问题便为其所困，找不到解决的办法，实际上，如果能换个角度看问题，有时一个看似很困难的问题也可以用巧妙的方法轻松解决。这就需要我们在生活中培养这种多角度看问题的能力。

缺点逆用思维法

缺点逆用思维法是一种利用事物的缺点，将缺点变为可利用的东西，化被动为主动，化不利为有利的思维方法。

美国的“饭桶演唱队”就是运用缺点逆用思维法，“炒作”自己的缺点，从而一举成名的。

“饭桶演唱队”的前身是“三人迪斯科演唱队”，由三名肥胖得出奇的小伙子组成，演唱的题材大多关于食品、吃喝和胖子等笑料，很受市民欢迎。有一次在欧洲演出，有家旅店的经理见他们个个又肥又胖，穿上又宽又大的演出服，简直与三只大桶一般无二，于是嘲笑他们，建议他们创作一首“饭桶歌”唱唱，说这会相得益彰。经理本是奚落嘲弄，三个胖小伙也着实又恼又怒，但恼怒之后便兴高采烈了。对，肥胖就肥胖，干脆将“三人迪斯科演唱队”改为“三人饭桶演唱队”，而且即兴创作了《饭桶歌》。第一天演唱便赢得了观众如雷般的掌声。三人录制的《三个大饭桶》唱片，一上市便是10万张，几天即被抢购一空。

从这个故事中可以看出来，缺点固然有其不足的一面，但发现缺点、认识缺点、剖析缺点并积极地寻求克服或者利用它的方法往往能创造一个契机，找到一个出发点。俗话说得好，有一弊必有一利，利弊关系的这种统一属性，正是新事物不断产生的理论和实践基础。

法国有一名商人，在航海时发现，海员十分珍惜随船携带的淡水，自然知道浩渺无垠的辽阔大海尽管气象万千，但大海的水却可望而不可喝。应当说，这是海水的缺点，几乎所有的人都了解这一点。商人却认真地注意起这个大海的缺点来，它咸，它苦，与清甜的山泉相比，简直不能相提并论，难道它当真只能被人们所厌恶？想着想着，他突发奇想，如果将苦咸的海水当做辽阔而深沉的大海奉献给从未见过大海的人们，又会怎样呢？于是他用精巧的器皿盛满海水，作为“大海”出售，并且在说明书中宣称：烹调美味佳肴时，滴几滴海水进去，美食将更添特殊风味。反响是异乎寻常的强烈，家庭主妇们将“大海”买去，尽情观赏之后，让它一点一滴地走上餐桌，她们为此乐不可支。

这种在缺点上做文章、由缺点激发创意的方法越来越广泛地被应用，也取得了较好的结果。在运用此方法时，我们还应注意对缺点保持一种积极而审慎的态度，还可以尝试使事物的缺点更加明显，也许会收到意想不到的效果。

曾有个纺纱厂因设备老化，造成织出的纱线粗细不均，眼看就要产生一批残品，即将遭受到重大的损失，老板很是头痛。

这时，一位职员提出，不如“将错就错”，将纱线制成衣服，因为纱线有粗有细，衣服的纹路也不同寻常，也许会受到消费者的欢迎。

老板觉得有道理，便听从了职员的建议。果然，这样制成的衣服具有古朴的风格，相当有个性，很受大众的欢迎，推出不久便销售一空。就这样，本会赔本的“残品”却卖出了好价钱，获得了更多的利润。

其实，任何事物都没有绝对的好与坏，从一个角度看是缺点，换一个角度看也许就变成了优点，对这一“缺点”加以合理利用，就可以收到化不利为有利的效果。

反面求证：反推因果创造

某些事物是互为因果的，从这一方面，可以探究到另一与其对立的方面。

据说爱因斯坦设计过一个智力测验的题目：

有一个土耳其商人，想要雇用一名得力的助手，他想到了一个测试方法，从前来应聘的两位应聘者之中，选择一位最聪明的人作为助手。

他让A和B同时进入一间没有窗户，除了地上的一个盒子外，空无一物的房间内。商人指着盒子对两个人说：“这里有五顶帽子，有两顶是红色的，三顶是黑色的，现在我把电灯关上，我们三个人从盒子里每人摸出一顶帽子戴在头上，戴好帽子打开灯后，你们要迅速地说出自己所戴帽子的颜色。”

灯关了后，两人都看到商人的头上是一顶红帽子，又对望了一会儿，都迟疑地不敢说出自己头上的帽子是什么颜色。

忽然，B叫一声：“我戴的是黑帽子！”

为什么呢？

土耳其商人的头上是顶红帽子，那么就还剩下一顶红帽子和三顶黑帽子。B见A迟疑着无法立刻说出答案，所以就认定了自己头上是顶黑帽子。因为如果B头上是顶红帽子，那么A就会马上说他头上戴的是黑帽子，怎么会迟疑呢？

B假定自己头上戴的是红帽子，但是发现对方在迟疑，于是得到了答案。

这个推理就是由结果向前推的逆向思维，这种方法在发明创造方面也发挥着重要的作用。

1877 年 8 月的一天，美国大发明家爱迪生为了调试电话的送话器，在用一根短针检验传话膜的振动情况时，意外地发现了一个奇特的现象：手里的针一接触到传话膜，随着电话所传来声音的强弱变化，传话膜产生了一种有规律的颤动。这个奇特的现象引起了他的思考，他想：如果倒过来，使针发生同样的颤动，不就可以将声音复原出来，不也就可以把人的声音贮存起来吗？

循着这样的思路，爱迪生着手试验。经过四天四夜的苦战，他完成了留声机的设计。爱迪生将设计好的图纸交给机械师克鲁西后不久，一台结构简单的留声机便制造出来了。爱迪生还拿它去当众做过演示，他一边用手摇动铁柄，一边对着话筒唱道："玛丽有一只小羊，它的绒毛白如霜……"然后，爱迪生停下来，让一个人用耳朵对着受话器，他又把针头放回原来的位置，再摇动手柄，这时，刚才的歌声又在这个人的耳边响了起来。

留声机的发明，使人们惊叹不已。报刊纷纷发表文章，称赞这是继贝尔发明电话之后的又一伟大创造，是 19 世纪的又一个奇迹。

爱迪生的成功，就在于他有了这样一种互为因果的思路：声音的强弱变化使传话膜产生了一种有规律的颤动，如果倒过来，使针发生同样的颤动，就可以将声音复原出来，因而也就可以把声音贮存起来！

这实际上是一种互为因果的反面求证法。当我们遇到同样情况的时候，就可以尝试从反面来推其因果，说不定也会有类似的创造成果产生。

第六章　平面思维——试着从另一扇门进入

换个地方打井

小娟在一家青年报任科学编辑，工作很出色。然而，单位人才济济，她在工作中很难取得更突出的成绩。在处理读者来信时，她发现有不少青年读者，在工作和生活遇到了问题时，却没有地方表达和交流。于是她建议报社开办一条专门针对青年人的心理热线。

这个想法虽然十分新颖，但是在报社里反应平平。多数人认为自己的工作主要是写作和发表新闻稿件，要花时间干这样的事，未必值得，但领导还是同意了她的想法。热线很快开通了，在社会上产生了极大的反响，热线电话几乎打爆。众多青少年的心声，通过一条简单的电话线汇集到了一起，也为小娟提供了很多十分新颖、十分深刻的素材。

后来，报社顺应读者要求在报纸上开辟了一个新的版面，名叫《青春热线》，每周以 4 个整版的篇幅反映这些读者的心声。《青春热线》逐渐成了该报社最受欢迎的栏目，小娟也获得了新闻界的许多奖项。

小娟之所以能够取得这样的成功，是因为她在工作中具有自动、自发的精神。具有这种精神的人，往往能创造别人无法创造的机会和价值。另外，在智慧的层面上，小娟还有十分突出的一点——“换地方打井”。

“换地方打井”就是要学会开拓新思路。

“换地方打井”是“创新思维之父”——著名思维学家德·波诺提出的概念，用来形容他提出的平面思维法。

对于平面思维法，德·波诺的解释是：“平面”是针对“纵向”而言的。纵向思维主要依托逻辑，只是沿着一条固定的思路走下去，而平面思维则是偏向多思路地进行思考。

德·波诺打比方说：“在一个地方打井，老打不出水来。具有纵向思维方式的人，只会嫌自己打得不够深，而增加努力程度。而具有平面思维方式的人，则考虑很可能是选择打井的地方不对，或者根本就没有水，所以与其在这样一个地方努力，不如另外寻找一个更容易出水的地方打井。”

纵向思维总是使人们放弃其他的可能性，大大限制了创造力。而平面思维则不断探索其他的可能性，所以更有创造力。

佛勒是一个靠卖 8 美分一把的小刷子起家的刷子大王。后来，大家看到做刷子有利可图，纷纷生产，结果给他的公司造成了很大的压力。感到竞争激烈的佛勒开始将目光从一般百姓身上移到了军人身上。

当时正是第二次世界大战期间。佛勒精心设计了一种擦枪的刷子，并找到军队的有关人士说：“这种特制的刷子，可以将枪刷得又快又好。”军队接受了他的建议，与他的公司签订了 3400 万把刷子的合同。这种“换地方打井”的策略，使他赚了一大笔钱，更加奠定了他“刷子王国”的地位，让其他还在百姓那里争夺消费者的人望尘莫及。

任何事物都是由各种不同的要素构成的。我们在遇到某些难以解决的问题时，不妨采取一些措施，来改变事物所包含的某一或某些要素，让事物发生符合“落实”需要的变化，以达到“换地方打井”的效果。

维生素对人体是必不可少的，但很少有人知道，维生素最早是从米糠中提取出来的，后来，科学家又从新鲜的白菜、萝卜、柠檬等植物中找到了另外的一些维生素。

如果依照通常的观点，米糠除了当饲料外还有什么用？白菜、萝卜除了可以吃还有什么用？

但它的提取物偏偏可以用来改善生命质量，甚至以此挽救无数人的生命，这就是平面思维和横向思维的结果。

树皮、破布看来毫无用处，但蔡伦用树皮、麻头甚至破布造纸，正是将这些毫不起眼的东西利用起来，促使人类文明的进程跨出了一大步。

浓烟和热空气是每个人都习以为常的事物，蒙哥尔费兄弟利用浓烟和热空气灌满巨型气球，使热气球成功地载着人在天空中飞翔……

正是不断挖掘这些事物性能的多样性，才使得人类历史不断发展。

平面思维助你打开另一扇成功之门

在这个世界上，有许多事情是我们难以预料的，我们不能控制际遇，却可以掌握自己；我们无法预知未来，却可以把握现在；我们左右不了变化无常的天气，却可以调整自己的心情；我们无法改变生活的悲喜，却可以把握看待事物的思维。就像幸运女神不会始终眷顾一个人，生活的苦难也并非不能远离你，只要尝试转换自己的思维，尝试从另一扇门进入，也许可以看到一片不一样的天空。

记得有这样一个故事：

一家有父子两人。一天早晨，父亲派儿子去城里打酒。儿子走到城门口，跟正要出城门的人相遇了。两个人互不相让，一直站到中午。

家中的父亲见儿子迟迟不归，便前去寻找。他到了城门口，了解了情况后，便对儿子说：“你先回去吃午饭，让我来替你站着。”

故事中的父子两人真够执著的，执著得连退后一步都不肯。让人既觉得好笑，又觉得好气。

事实上，生活中也不乏这样的人，思维一根筋，碰到南墙也不知道转向。这种一根筋的思维方式对问题的解决和工作任务的完成是有制约作用的。

在解决问题的过程中，人们遇到困难，应该坚持不懈，有韧劲，不达目的绝不罢休。但有韧劲，并非是要在一棵树上吊死，而应该学会转换思路、转向思考。

所谓转向思考，就是思考问题时，在一个方向上受阻时，换一个路径来思考问题。这就是“打得赢就打，打不赢就走”，是平面思维法的一种表现。

生活中发生的许多改变都源于平面思维的运用。它就像为我们的思路打开了另一扇门，本来棘手的问题立刻迎刃而解了。

在美国西北某地，一到冬天，电影院里就常有戴帽子的女观众。她们的帽子很影响后面观众的视线。为此，放映员多次打出“影片放映时请勿戴帽”的字幕，但始终无人理睬。

后来，放映员经人指点，打出了一则通告，通告说：“本院为了照顾衰老高龄的女观众，允许她们照常戴帽子，不必摘下。”

这个通告一出，所有戴帽子的女观众都摘下了帽子。因为她们谁都不愿意被看做“衰老高龄”的女人。

这则通告的成功，就源于适合女性心理特点的思维转向。如果放映员仍在“让大家摘帽子”上面下工夫，恐怕问题还是难以得到解决的。

其实，运用平面思维获得成功的例子在我们的生活中随处可见，而且，平面思维的运用并不是一件特别困难的事情，是我们稍加留心、稍加思考就可以做到的。

有一位姓马的老板，他就是因为灵活地运用了平面思维，才获得了生意的成功。

有位杨老板在国道边上开了个饭馆，生意很不景气，眼看着众多的车辆从门前开过，很少有人光顾。他用打折、送汤等吸引顾客的办法，都没有起什么作用，最后只好关门大吉，把饭馆盘给这位姓马的老板。这位马老板别出心裁地在饭馆旁边修建了一个很漂亮的公共厕所，并做了一个不收费的醒目牌子。许多班车司机路过这儿总要停下车，先让旅客们方便方便，顺便再让大家去饭馆就餐。从此饭馆的生意一天比一天红火，吃饭的人越来越多，不到两年，马老板把小饭馆扩建成三层楼的大饭庄。

杨老板用传统的思维经营饭馆失败了，马老板用平面思维，打开了另一扇成功之门。思维说难也难，要说容易也容易。说它难是因为人的思维存在着惯性，在思考问题时，常常受各种因素的约束，只能采用一种答案，不愿或者根本就想不到去寻找更多的解决方案，这样就容易走入误区，陷入失败的怪圈。马老板在经营饭店时，他不先考虑“大家都怎么经营”，而先考虑“大家都不做什么”或者“大家还有什么没有做”，然后寻找大家都不做的去做。

不要只钟爱一种方案

平面思维告诉我们，寻找新方案最好的方法，是尝试大量不同的方案，绝不要在刚找到第一种方案时就止步，而要继续寻找其他的方案。辩证思维不会只钟爱一种方案，因为这千变万化的世界无奇不有，而理想的方案永远不可能只有一个。

如果你只钟爱一种方案，你就看不到其他方案的长处，这不利于平面思维的锻炼，也会失去许多机会。生活的最大乐趣之一，就是能够不断地从过去珍爱的思维中走出来，这样，你才有可能非常自由地寻找到新的天地。

高考作文题几乎年年都引人注目。有一年的题目是：在一个创新会议上，一位科学家画了圆形、三角形、半圆形和弯月形四种图形，要求从中找出一个最有特点的。最后的答案是：选择其中任何一个图形都是正确的，因为相对于其他三个，它们之中的每一个都“最有特点”。考生要根据这段材料，结合自己的理想、经历，以“答案是丰富多彩的”为题写一篇文章。高考作文谜底一揭开，美籍华人教育家黄全愈博士立即成为全国众多媒体关注的焦点，原因是6月份黄博士在南京以《素质教育在美国》为主题的演讲中，曾多次以《事物的正确答案不止一个》为内容组织现场讨论，只不过举例中四种不同的图形变成了四种不同的动物。黄博士认为，与高考撞题纯属巧合，但巧合的背后说明素质教育观念已逐渐深入人心。他说，之所以要告诉人们事物的正确答案往往不止一个，其目的在于培养学生拥有自己的观点。

正如黄博士所说，正确的答案不止一个，它告诉我们每个人培养平面思维，不断挖掘新的答案有多么重要。正确的答案不止一个，永远不要只钟爱一个方案，这个世界络绎缤纷、五彩斑斓，每个人都有不同的价值，每个事物都有不同的属性，从不同的角度去看待，才会创造出缤纷的世界。

说到这里，我们不得不提起奥莱斯特·平托中校，他是第二次世界大战中美军情报部的官员，也是一个善于探求多种方案的英雄人物。

一次，一个狡猾的纳粹间谍就栽在他的五套方案之中。

有一天，平托抓住一个自称布朗格尔的可疑分子，凭直觉他认为此人是纳粹间谍，但布朗格尔声称自己是深受德军之害的比利时北部的农民。

平托皱起眉头，问：

“会数数不?”

布朗格尔瞪大了眼睛：

“当然会。”

于是布朗格尔用比利时北部农民惯用的古法文数数，而不是用德语。

平托出了第二道“试题”：他把布朗格尔关在一间屋中，屋门上了锁。到了晚上，平托让几个士兵在屋外点燃几捆草，然后用德语大声喊叫：

“着火了！着火了！”

但是布朗格尔没有求救。

平托用法语呼喊：

“着火了！”

布朗格尔立即跳起来去开门，门开不开，他就又喊又撞，布朗格尔又“及格”了。

第二天，平托与一个军官走到布朗格尔身边，先用法语跟布朗格尔打了招呼，然后扭头用德语对身旁的军官说：

“真可怜！他还不知道今天上午就要被绞死。他是纳粹间谍，我们只能这样。”

布朗格尔无动于衷，他再闯一关。

很多人都觉得平托这次弄错了，可是平托并不这样认为。

于是，他又实施了他的第四套方案：他找来一个农民与布朗格尔交谈。事后，农民告诉平托：“没错！他是个农民，很在行。”

最后，平托决定释放布朗格尔。

平托让人把布朗格尔带进他的办公室，递给他一个文件。布朗格尔平静地注视着平托的手在文件上签了字。

这时，平托对布朗格尔说：“好了！你自由了，你现在可以走了！”

布朗格尔的眼睛中闪现出一道喜悦的光，但他的脸瞬间就垮了下来，因为平托中校说的是德语。

原来这是平托的第五套方案。既然传统的方法不行，那么就只好换个新的，利用人的得意忘形的心理。

几天后，纳粹间谍布朗格尔被处决了。

盟军最高统帅艾森豪威尔将军对平托中校的评价是："当今世界上首屈一指的反间谍专家!"

可能对很多人来说"事不过三"，当三种方法都不能够解决问题的时候，他们想到的是放弃，但是平托却为了搞清一个问题想出了五种解决方法，也因此获得了成功。

多寻找一种解决方案，起初也许你会感觉到"多此一举"，而从平面思维中受益的人会告诉你：那是必需的，也是卓有成效的。同时，这也是成功人士所必须具备的素质和能力。

换一条路通向成功

通往成功的道路并不只有一条。有时，当我们在一条路上受阻时，可以尝试运用平面思维法，独辟蹊径，以达到我们的目标。

凯瑟琳从父亲那里明白了这个道理，也是这个理念使她获得了最后的成功。

凯瑟琳的理想是成为时装设计师。当凯瑟琳在这方面初露身手并获得小胜后，她发现在高手如云的服装界，要想成为出类拔萃的时装设计师真是太困难了。摆在她面前的只有两条路，要么承认此路不通，败下阵来；要么运用自己的智慧和创造力去另辟蹊径。

凯瑟琳不愿认输，但是，却没有人对她这个无名小辈的设计图纸感兴趣。

有一天，凯瑟琳遇到一位朋友，她穿了件漂亮的毛衣，色调朴素，但毛衣的织法不同一般。她从朋友处得知，这是维迪安太太从亚美尼亚的农妇那儿学会的。

猛然间，凯瑟琳脑中闪过一个大胆的想法：我可以把这种图案织在线衫上，而且我干吗不自己办一家时装店呢？

凯瑟琳画了一幅粗线条、黑白两色的蝴蝶图交给这位维迪安太太，让她把这图案织成一件线衫。线衫织出来漂亮极了，凯瑟琳穿上它来到一个时装设计师们常常聚集的餐馆。效果果然不同凡响，一家颇具规模的商场的经理当场就订了40件，并让凯瑟琳两周内交货，她万分兴奋地签了约。

没想到一盆冷水当头浇来，当凯瑟琳找到维迪安太太，她说："织你那件线衫用了我一星期时间，你想让我两周织出40件？那不是天大的笑话！"

凯瑟琳顿时从头凉到脚。眼看唾手可得的成功却又走进了死胡同。她沮丧地离开了维迪安太太那儿，突然，凯瑟琳停住了脚步，一定还有别的路子。虽说这种织法是一种特殊技法，但是巴黎肯定还住着一些懂得这样技法的亚美尼亚妇女。

凯瑟琳又回到维迪安太太那儿，向她讲明自己的打算。她实在不敢认可，但还是答应帮忙。

凯瑟琳和维迪安太太都成了"侦探"，在巴黎的茫茫人海中追踪亚美尼亚人，对于每一个亚美尼亚人，她们都穷追不舍，往往认识一个人便能挖出一群人。终于她们找到了20位妇女。这20位妇女都很精通这种技法。两周后这批线衫完工了。凯瑟琳新开张的时装店的首批货物踏上了运往美国的航程。

最终，凯瑟琳成了国际著名的服装设计师。

在这样的时候，当你面对困难，无法运用常规的办法或思路来解决问题时，你是否想过尝试其他的解决之道呢？

无论是生活还是工作，通往目的地的路都不止一条。如果顺着一条路无法到你想去的地方，你就尝试走另外一条路吧！

无独有偶，日本的一家商店也是因为走了另外一条路取得了经营的成功。

川美子是日本一家内衣公司的职员，她在工作中发现了这样一个问题：顾客在试穿内衣时先要脱外衣，如果试一件不合身接着再试时，是很麻烦的事情，而且多少有些尴尬。并且有不少顾客反映试衣室过小，换衣服不方便等问题。

川美子想，在自己家里邀集三五位女性邻居或女友，一起挑选公司送来的内衣，有中意的式样当场试穿，这种场合气氛亲切，最适宜妇女购买内衣。她把这个建议告诉了经理。经理觉得很好，便决定采取这种方式来销售内衣，并配合这种销售方式作出了一些规定：凡是在家庭联欢会上一次购买 1 万日元以上的顾客，就能获得该公司“会员”资格，今后购买内衣可享受七五折的优惠；会员如在 3 个月内发起家庭联欢会 20 次以上，销售金额超过 40 万日元，就能成为本公司的特约店，可享受 6 折优惠。如果在 6 个月内举办家庭联欢会 40 次以上，销售金额超过 300 万日元，就能成为本公司的代理店，享受零售价一半的批发优惠。

采取这种销售方式以后，这家内衣公司得到了迅速的发展。10 年以后，该公司年销售额达 200 亿日元以上，成为日本内衣业的后起之秀，被舆论界称为“席卷内衣业的一股旋风”。

如果你是内衣店的职员或是负责人，你会怎么想？是将试衣室扩大？在店堂里布置更舒适的试衣环境？还是其他？相信大多数人都会围绕着内衣店里的试衣环境做文章，寻找让顾客更满意的方案。让顾客感到舒适自在，愿意购买内衣是内衣店的目的，但是扩大试衣室将会压缩销售区的面积，而改善试衣环境也同样不能让所有顾客满意，这都对内衣销售没有很大的促进。而川美子想到的却是另一种完全不同的销售方式。

还有哪里比自己家里更自在舒适？为什么我们不能将销售从店铺向消费者家中转移？这样会让顾客更加满意，比在店铺内改善试衣室更有效果，同样提高了内衣的销售量和销售额。

这个故事再次向我们证明了：通向成功的道路不止一条，当所采取的措施并不能收到良好的效果时，不妨运用平面思维法，从其他的层面和其他的视角入手，“换个地方打井”，往往能够更顺利地推进项目的进程，取得更大的成功。

给自己多一点选择

澳大利亚有个红色电话公司，在过去，红色电话保持着很高的营业额纪录，但最近却遇到了困难：在澳大利亚本地电话是不计时的，只要支付了起始价，用户就可以长时间地通话。这种长时间通话大大减少了红色电话公司的收入，因为长时间占线的电话阻碍了其他想短时间通话的用户使用。而红色电话公司只能按电话的次数来收取费用，却不计每次通话时间的长短。有人想过对通话时间进行限制，也有人提出加收长时间通话的费用，但是这些方案都会使红色电话公司在与其他公司的竞争中处于劣势。最终，该公司的创始人想到了一种新方法。他安排红色电话听筒的制造商们在听筒内加入了很多铅，使听筒变得比原来重，因而让客户感到长时间通话比较累。显然，这个方法奏效了，直到今天，红色电话公司的听筒都比一般听筒要重。

生活中的许多问题都与红色电话公司的遭遇类似，在我们考虑解决方案时，也绝不能抓住一个方案不放手，要准备多种方案，从中寻找出最佳的一个。

这一点，牛仔裤的发明者李维·施特劳斯为我们做了表率。

1850 年，一则令人惊喜的消息为人们带来了无穷的希望和幻想：美国西部发现了大片金矿。于是，无数个想一夜致富的人们带着各自的淘金梦如潮水一般涌向那曾经人迹罕至、荒凉萧条的西部不毛之地。

李维·施特劳斯当时很年轻，他渴望冒险，渴望大干一场，他想通过自己的劳动、运气赌一把。于是他放弃了原来那个安稳但是无味的文员工作，加入到浩浩荡荡的淘金人群之中。

但当李维经过漫长的路程，来到美国旧金山之后，他才发现自己的错误。这并不是一个遍地黄金的地方，他也并不是第一个去淘金的人，几天过后，原来的激情与梦想就被失望与迷茫所替代了。

李维用他看到的、体验到的，来思考自己的出路，他发现，淘金的人越来越多，他们需要很多帐篷和工具，而这里离生活中心很远，买东西十分不方便。为什么不开一家日用品小店呢？李维毅然放弃了淘金梦，而从淘金者身上开始自己新的梦想。

小店开张了，生意很不错，来光顾的人总是络绎不绝，甚至有的产品还会脱销。很快，李维的最初成本就赚回来了，开始真正赚钱了。

但是，过了一段时间，李维发现搭帐篷帆布不如其他商品卖得快了，这是为什么呢？有一天，他向一位来买工具的淘金者问原因。

那人告诉他说："我已经有一个帐篷了，没必要再搭一个。我需要的是像帐篷一样坚硬耐磨的裤子，你有吗？我每天都要跪在地上去分拣矿砾，工作很艰苦，衣裤经常要与石头、沙土摩擦，棉布做的裤子不耐穿，几天就磨破了。所以我需要一条耐磨的裤子，不至于几天就要重新买裤子。"

李维·施特劳斯感到很惊奇，他从来都没有想到过这个问题。这位淘金者的话无疑给了他启发。如果用这些厚厚的帆布做成裤子，肯定结实又耐磨，说不定会大受欢迎呢！反正这些帆布也卖不出去，何不试试做成裤子呢？

于是，他灵机一动，用带来的厚帆布效仿美国西部的一位矿工杰恩所特制的一条式样新奇而又特别结实耐用的棕色工作裤，向矿工们出售。1853 年，第一条日后被称为"牛仔裤"的帆布工装裤在李维·施特劳斯手中诞生了。一开始仅有几人向他购买，但不久，裤子耐穿、耐磨的性能凸显出来，大量的淘金者都购买了这种当时被工人们叫做"李维牌工装裤"的裤子。

"李维牌工装裤"以其坚固、耐磨、穿着舒适获得了当时西部牛仔和淘金者的喜爱。大量的订货单纷至沓来。李维·施特劳斯不再开自己的那家日用品店。李维正式成立了自己的公司，开始了“Levi’s”这个著名品牌的漫漫长路。

但李维·施特劳斯的思路并没有停止，他不满足于牛仔裤目前的式样，而是希望能用一种既软又耐磨的布料来代替。

他开始寻找新的面料，注意搜罗市场上的信息。终于有一天，他发现欧洲市场上畅销的一种布料，它是法国人涅曼发明的，是一种蓝白相间的斜纹粗棉布，兼有结实和柔软的优点。

李维·施特劳斯看了样布，他当机立断决定从法国进口这种名为“尼姆靛蓝斜纹棉哔叽”的面料，专门用于制作工装裤。结果，用这种新式面料制作出来的裤子，既结实柔软，又样式美观、穿着舒适，再次受到淘金工人的欢迎。

这次换用新的布料，在牛仔裤发展史上具有重要意义。此后，这种用靛蓝色斜纹棉哔叽做成的工装裤在美国西部的淘金工、农机工和牛仔中间广为流传，靛蓝色也成为李维牌工装裤的标准颜色。渐渐地，牛仔裤也受到了欧洲人的喜爱，并在欧洲大陆广泛流行。

虽然初步获得了成功，但李维并不就此满足，他还在继续寻找机会，对牛仔裤进行改进。他想到了用黄铜铆钉钉在裤袋上方的两个角上，这样就可以固定住裤袋。同时他还在裤袋周围镶上了皮革边，这样既美观、又实用，有的工人的裤子并没有磨破，但为了美观而去镶边。

李维一直面临着多重的选择，从选择自己是继续做小职员还是去美国淘金，到是淘金还是干别的，再到放弃自己的杂货店还是开牛仔裤公司，然后对牛仔裤一次次改进，可以说，李维始终都不满足于自己的生活，当选择摆在他面前时，他总是开创出多条路，供自己选择。而当自己有一条路走的时候，他也愿意再开辟一条新的路，尝试那是不是更好的一条道路。所以，他成功了。

许多问题，我们可以解决，但是采用的方法不一定是最佳的，或许损害了一部分的利益，得到的并非是最好的结果。如果是这样，何不多列出几种方法，给自己多一些选择呢？多重的尝试或许能给你一个最好的方法。

捏合不相关的要素

运用平面思维，要求我们将由外部世界观察到的刺激，创造性地与正在考虑中的问题建立起联系，使其相合，也就是将多种多样的或不相关的要素捏合在一起，以期获得对问题的不同创见。

捏合不相关的要素，就要求我们将视角扩展到多个问题领域。如果眼睛只盯着一个问题领域，这往往会阻碍自己发现更新鲜、更充分、更漂亮的材料，因为思维的惯性很容易使自己在一个特定的问题领域中作循环思索。这个时候，就需要跳出来，看一看其他领域，从别的地方寻找一些材料以启发自己。

很多富有创造性的设想都源于广泛涉猎多个领域，并将这些看似不相关的要素捏合在一起，应用于自己的问题领域。计算机专家布里克林受到会计学“流水账”的启发，创造了微型计算机的软件工业。数学家冯·诺伊曼通过分析一般人玩扑克牌的行为，创立了博弈论经济模式。第一次世界大战的武器设计家从毕加索和布拉克的立体派艺术中寻找灵感，结果成功地改进了大炮和坦克的伪装。在第二次世界大战中，美国人以一种独特的印第安语言为基础，设计了被称为“不可破译的电报密码”。爱迪生也曾经这样劝导他的同事：“留意别人的新颖有趣的设想，只要把它们用在你现在正要解决的问题上，你的设想就是创造性的。”

创造性的洞见，常常需要人们了解不同领域事物之间的间接关系。这些关系起初看起来似乎是不搭边的。我们可以有意识地进行平面思维，由外部世界观察到的刺激牵强性地与正在考虑中的问题建立起联系，使其相合，也就是将多种多样的或不相关要素捏合在一起，以期获得对问题的不同创见。

1948 年瑞士人发明的尼龙搭扣就是一个很好的例子。

一天，工程师梅斯塔尔打猎回家，他发现在其衣服上挂着一些牛蒡草的子实。在显微镜下，他发现每一个子实都环绕着许多小钩。正是这些小钩使牛蒡子实挂在衣服上掉不下去。

受此启发，他突发奇想：如果在布条上也安上相似的小钩，不就可以用作扣带了吗！他花了 8 年的时间把这个设想变成原始的产品：两条尼龙带，一条上布满成千上万个小钩，而另一条则是更为细小的丝绒。当两条尼龙带合在一起的时候，就迅速成为一条实用的扣带。这项发明之所以叫尼龙搭（Velcro），是因为它取自两个法语单词，一个是天鹅绒（Velour），一个是钩针编织品（Crochet）。

平面思维还可以理解为，把两个或多个并列的事物交叉起来思考，从而把二者的特点结合起来，使之成为一个新事物。

下面用一个土木工程的问题来说明这种方法的实际应用过程：现在需新建一条穿越沼泽地的汽车道。为解决建路过程中的一些技术问题，请来了一位鸟类专家。他对鸟类在沼泽地筑巢的过程了如指掌。也许他对道路问题一无所知，但他却依其对鸟类在沼泽地筑巢的了解提供了如下建议，即可以造一些人工漂流性小岛，这样可以让汽车道以漂流的形式穿过沼泽地。

我们也可以把两个以上的产品强行联系在一起，从而产生独特性的设想。把看来毫无关系的两个产品联系起来，跳跃较大，能克服经验的束缚，产生新设想，开发出新产品。

如将暖水瓶与杯子联系在一起，开发出保温杯；将圆珠笔与电子表联系在一起，开发出带有电子表的圆珠笔；将圆珠笔与收音机联系在一起，开发出带收音机的圆珠笔，等等。

美国加利福尼亚州一个生物学家将机枪与播种机联系在一起，发明了机枪播种法。弹丸壳是可溶解的胶囊，含有一定成分的肥料、杀虫剂，内装优良种子。飞机掠过大片田地，随着机枪声，种子枪弹射入土地，解决了地面人工机具播种慢，空中播种只能播在泥土表面的难题，使平原、丘陵、山地都能成为绿色田野。

思维的快速推进，主要靠水平方向的转换，就是不断地从一条思路跳到另一条思路，直到找出合适的方法。在这个过程中，就需要将不相关的因素捏合到一起，进行创造性的关联。

将问题转移到利己的一面

生活中我们会遇到许多问题，这些问题的某个方面是对我们不利的。如某人对我们本人或我们的产品持有不好的评价，这时我们所应采取的策略不是消极逃避，也不是围绕问题的这个方面转来转去，而应该是将对方的视线引到问题的另外一个利己的方面，从这个方面进行阐释，往往可以起到扬长避短的作用，这是平面思维在生活中的又一应用。

下面这两个故事的主人公都是运用平面思维法的高手，让我们来看看他们的做法吧。

商人马库斯在华盛顿开了一个家具店。一天，有一位客户到家具店想购买一把办公椅。马库斯带客户看了一圈后，客户问："那两把椅子怎么卖?"

"这一把是 600 美元，而那个较大的是 250 美元。"马库斯说。

"为什么这一把那么贵，我觉得这一把应该更便宜才对!"客户说。

"先生，请您过来坐在它们上面比较一下。"马库斯说。

客户依照他的话，在两把椅子上都坐了一下，一把较软，而另一把稍微硬一些，不过坐起来都挺舒服的。

等客户试坐完两把椅子后，马库斯接着说："250 美元的这把椅子坐起来较软，会觉得非常舒服，而600美元的椅子您坐起来感觉不是那么软，因为椅子内的弹簧数不一样。600美元的椅子由于弹簧数较多，绝对不会因变形而影响到坐姿。不良的坐姿会让人的脊椎骨侧弯，这样就会引起腰痛，光是多出弹簧的成本就要多出将近100美元。同时这把椅子旋转的支架是纯钢的，它比一般非纯钢椅子寿命要长一倍，不会因为长期的旋转或过重的体重而磨损、松脱。因此，这把椅子的平均使用年限要比那把多一倍。

"另外，这把椅子虽然看起来没有那把那么豪华，但它完全是依人体科学设计的，坐起来虽然不是软软的，但却能让您坐很长的时间都不会感到疲倦。一把好的椅子对于一个长期坐在椅子上办公的人来说，确实是很重要的。这把椅子虽然不是那么显眼，但却是一把精心设计的椅子。老实说，那把250美元的椅子中看不中用，是卖给那些喜欢便宜货的客户的。"

"还好只贵350美元，为了保护我的脊椎，就是贵1000美元我也会购买这把较贵的椅子。"客户听了马库斯的说明后说道。

杰拉德是一家笔记本电脑公司的推销员。一次，他去拜访一位工程师，这位工程师想买一批重量比较轻的电脑好出差用，在与杰拉德面谈时，这位顾客说出了他的不满意："我觉得你们的笔记本有点重。"

"您为什么会觉得重呢?"杰拉德问。

"你看，你的笔记本有2.6公斤，而有一家公司的笔记本重量只有2公斤。"

"重量为什么对您这么重要呢?"

"因为使用电脑的工程师经常在外面出差，他们希望重量能够轻一些，尺寸小一些。"

"我知道了。笔记本电脑是工程师的工作工具，这对于他们在外面工作是非常重要的。对于这些工程师来讲，您觉得还有什么指标比较重要呢？”

“除了重量，还有配置，例如CPU速度、内存和硬盘的容量，当然还有可靠性和耐用性。”

“您觉得哪一点最重要呢？”

“当然是配置最重要，其次是可靠性和耐用性，再后来是重量。但是重量也是很重要的指标。”

“每个公司在设计产品的时候，都会平衡其性能的各个方面。如果重量轻了，一些可靠性设计可能就要牺牲掉。例如，如果装笔记本的皮包轻一些，皮包对电脑的保护性就会弱一些。根据我们的了解，我们发现客户最关心的是可靠性和配置，这样不免牺牲了重量方面的指标。事实上，我们的笔记本电脑采用的是铝镁合金，虽然铝镁合金重一些，但是更坚固。而有的笔记本为了轻薄，采用飞行碳纤维，坚固性就差一些。”

“有道理。”

“根据这种设计思路，我们笔记本的配置和坚固性一直是业界最好的。您对于这一点有疑问吗？”

“鱼与熊掌不能兼得了。”

“您的比喻十分形象。我们在设计产品的时候更重视可靠性和配置，而这一点却增加了它的重量。但这个初衷也符合您的要求，您也同意可靠性和配置的重要性。再说只是重0.6公斤而已，不是个大数字，是吗？”

“对，你说得不错。”

在杰拉德的劝说下，客户订购了15台手提电脑。

不可否认，马库斯与杰拉德都是优秀的推销员。他们的共同点就是善于转移问题的焦点，让客户的视线从产品的缺点转移到产品的优点，而且让客户自己认识到，有这样的优点，缺点已经无足轻重了，巧妙地运用平面思维法将问题转移到了利己的一面。

由此可见，平面思维法的运用并非一件难事，有时要做的只是让对方的视线从A转到B即可，也许A是对己不利的，但经过目光转移，B就是对己有利的一面了。只要在生活中稍稍用心，我们也可以做到。

第七章　纵向思维

——从链条的一端开始解决问题

预见趋势的纵向思维

将思考对象从纵的发展方向上，依照其各个发展阶段进行思考，从而设想、推断出进一步的发展趋向的思维，叫做纵向思维法。

纵向思维过程一般表现为向纵深发展的特点，即：能从一般人认为不值一谈的小事，或无须作进一步探讨的定论中，发现更深一层的被现象掩盖着的事物本质，其思维形式的特点为：从现象入手，从一般定论入手，作纵深发展式的剖析。

比如，轮胎的发明就经历了这样一个过程：最先的车轮是木制的，特别容易损坏。于是，人们又以铁制的车轮代替木轮，尽管铁制车轮坚固，但它的震动太大。最后，人们又发明轮胎，利用压缩气体的弹性减小震动。到目前为止，很多交通工具都是使用轮胎的。

由此可见，纵向思维是纵观事物的发展历史，立足于事物现有的弊端，研究事物发展的完美方向，是人们对事物当前形态的不满足和新的要求。纵向思维的结果是引起事物的质变，从而在事物发展史上呈现不同的发展阶段。

如果将纵向思维放到时间的维度上，便可产生“由昨天看到今天或明天”的效果，也就是说纵向思维可以使我们具有某种程度的预见性。

用纵向思维思考问题对事物发展有预见性，这一点在洛克菲勒身上有较为明显的体现。

第二次世界大战结束后不久，战胜国决定成立一个处理世界事务的联合国。可是在什么地方建立这个总部，一时间颇费思量。地点理应选在一座繁华都市，可在任何一座繁华都市购买可以建设联合国总部庞大楼宇的土地，都是需要很大一笔资金的，而刚刚起步的联合国总部的每一分钱都肩负着重任。就在各国首脑们商量来商量去，不知如何是好的时候，洛克菲勒家族听说了这件事，立刻出资 870 万美元在纽约买下了一块地皮，在人们的惊诧声中无条件地捐赠给了联合国。

联合国大楼建起来后，四周的地价立即飙升起来，洛克菲勒家族在买下捐赠给联合国的那块地皮时，也买下了与这块地皮毗连的全部地皮。没有人能够计算出洛克菲勒家族凭借毗连联合国的地皮获得了多少个 870 万美元。

事后有人赞赏洛克菲勒有远见，其实，远见是纵向思维的产物，是深入思考问题的必然。

第二次世界大战期间，美国许多企业由于受战争影响都处于半停滞、半瘫痪状态，除了军火工业，大多数行业都不景气。

杰克是一家面临倒闭的缝纫机厂厂长，他经过深思熟虑，果断决定改行。但是，应该转向哪个行业呢？他发现战争产生了很多的伤兵和伤残的百姓，他运用纵向思维进行思考，他认为如果能开发出为这些人带来便利的产品，一定会受到人们的欢迎。于是他设计和改造部分设备，开发出残疾人用的轮椅。当世界大战即将结束时，那些受伤的人们纷纷购买轮椅，轮椅一时间成了热销货，而这种产品当时只有杰克一家有大批现货。这样，轮椅不但在美国销得快，还远销到国外。

日本索尼的老总盛田昭夫具有非凡的纵向思维。美国贝尔实验室的研究人员在 1947 年 12 月用两根针压在一小块锗片上，成功地研制出世界上第一个晶体管放大装置，可以将音频信号放大上百倍。科学家肖克利在对这种早期晶体管的工作机理进行分析的基础上，推出 PN 结型晶体管，美国西方电器公司将其用于助听器，仅此而已。然而，具有远见卓识的索尼公司老总盛田和井深，却超越当下的功用，用未来的眼光敏锐地预见到晶体管的意义重大，将会给世界微电子工业带来一场革命。他们力排众议，在 1953 年以 2.5 万美元买下生产晶体管的专利。经过多次试验，索尼公司于 1957 年成功地研制出世界上第一台能装在衣袋里的袖珍式晶体管收音机，首批生产的 200 万台“索尼”收音机，一投放市场，就出现了爆炸性的销售效果。索尼公司由此而名扬全球，甚至就此带动了日本的微电子工业在世界上独领风骚数十年。

显而易见，纵向思维法是纵观事物的历史，立足于事物目前的状态，展望事物发展的思维方法，纵向思维常常能够化虚为实，导致事物的质变，进而在事物发展史上呈现出不同的发展阶段。加强纵深思维的训练，有助于思维能力的提高，有助于养成“深入分析问题”“透过现象看本质”的良好思维习惯。

解决问题的连环法

纵向思维有着不同的表现形式，其中的一种称为连环法，这是一种互为原因、互为结果、因果连锁的思维方式。原因后面有原因，结果后面有结果，事物发展过程中的上一个结果又是下一个发展的原因。

问题构成一环又一环的链条，要将整个问题链解开，必须从链条的一端，一个问题接着一个问题地步步深入，用已知推知未知，使过去、现在、未来贯穿一条信息与认识的长链，沿着这条闪光的思路去创造新的发现与成果。

在浩瀚无际的大沙漠里，有人不用任何仪器设备就能迅速准确地找到水源。首先把一系列与水源富有内在联系的事物和信息要素串联起来，一环一环地推进，步步逼近目标，最后在十分缺水的沙漠里找到了水源。一开始先设法在当地诱捕一只狒狒→给狒狒喂盐→狒狒口渴→放走狒狒→狒狒急需饮水解渴→狒狒奔向水源→人们跟踪观察→找到了水源。利用狒狒做向导，弥补了自己的盲目和无知，达到了自我超越、自我突破的目的。

事物发展总是一环套一环的，忽略对互有联系的各个方面进行连环思考是不行的。

连环法是一种比较严谨的方法，它要求问题中的各要素可以串联成环，两环之间存在着必然联系，前一环的结果成为解开后一环的原因。所以，这种方法在学习中有十分重要的作用。

在学习几何证明题时，我们经常有这样的体会，常用的一种解题方法是：根据已知因素 A，可以推导出结果 B；根据 B，又可以推导出结果 C；根据 C，可以推导出 D，这样一步步地推导，最终得以证明题目的要求。在这个推导的过程中，就是我们的纵向思维在起主导作用，A、B、C、D……各个因素都是环环相扣的，要想最终解决问题，就要将 A、B、C、D……一步步地解决。

在具体运用这种方法时，要经历 4 个步骤：

1. 确定最后要达到的理想成果是什么，即按照理想，希望得到什么样的东西。

2. 确定妨碍成果实现的障碍是什么。

3. 找出障碍的因素，即障碍的直接原因是什么。

4. 找出消除障碍的条件，即在哪种条件下障碍不再存在。

这是一种较为严密的方法，用这种方法进行思考，虽说比较费时，但不至于思考不周，发生遗漏。这种思考法把问题一步步推演下去，像链条一样，最终找到解决问题的方式，它对于那些不喜欢直观而喜欢按逻辑思考问题的人，是一种非常适用的方法。

深入一步，就是思维的突破

当美国西部掀起淘金大潮时，家住马里兰州的达比和他叔叔一起到遥远的西部去淘金，他们手握鹤嘴镐和铁锹不停地挖掘，几个星期后，终于惊喜地发现了金灿灿的矿石。于是，他们悄悄将矿井掩盖起来，回到家乡的威廉堡，筹集大笔资金购买采矿设备。

不久，淘金的事业便如火如荼地开始了。当采掘的首批矿石运往冶炼厂时，专家们断定，他们遇到的可能是美国西部罗拉地区藏量最大的金矿之一。达比仅仅用了几车矿石，便很快将所有的投资全部收回。

让达比万万没有料到的是，正当他们的希望在不断膨胀的时候，奇怪的事发生了：金矿的矿脉突然消失！尽管他们继续拼命地钻探，试图重新找到金矿石，但一切终归徒劳，好像上帝有意要和达比开一个巨大的玩笑，让他的美梦成为泡影。万般无奈之际，他们不得不忍痛放弃了几乎要使他们成为新一代富豪的矿井。

接着，他们将全套机器设备卖给了当地一个收购废旧品的商人，带着满腹遗憾回到了家乡威廉堡。

就在他们离开后的几天里，收废品的商人突发奇想，决计去那口废弃的矿井碰碰运气，为此，他还专门请来一名采矿工程师，只做了一番简单的测算。工程师指出，前一轮工程失败的原因，是业主不熟悉金矿的断层线。考察结果表明，更大的矿脉距离达比停止钻探的地方只有3英寸！故事的结果是，达比终其一生只是一名收入仅够养家的小农场主，而这位从事废品收购的小商人，最终成为西部巨富。

达比虽然付出了极大的努力，但他获取的却是罗拉地区最大金矿的一个小小支脉；收废品的商人虽然只花费了很小的代价，却通过一口废弃的矿井而成功地拥有了最大金矿的全部。达比的失败就在于他没有将自己的努力再深入一步，在与成功尚未谋面时便停步了。

在追求财富与成功的道路上，“深入”有着不可替代的作用，在思考问题方面，“深入”也是不可多得的好习惯。

在每个人的一生中，思考无时无刻不在左右人的行为，影响人的人生轨迹。一个不善于进行理性思考的人，往往会在行动中失去方向，走上歧途；而只有在深入思考的基础上，我们才能获得思考带来的益处。思考，成为人类最有力的武器之一。

下面的这个例子便可以说明深入思考的妙处：

有一天，美国通用汽车公司收到一位客户的抱怨信：“这是我为了同一件事第二次写信给你，这的确是一个事实。”

原来，这位用户家里有一个习惯：每天饭后由全家投票决定吃哪一种口味的冰淇淋。他家最近买了一部通用轿车后，只要他每次买的冰淇淋是香草口味，从店里出来时车子就发动不起来。但如果买的是其他口味，车子发动就很顺利。

太奇怪了！这可能吗？难道车对特定口味的冰淇淋过敏？公司总经理虽然对这封信心存怀疑，但还是派了一位工程师去察看究竟。当晚，工程师随这个车主去买香草冰淇淋，回到车上后，车子果然发动不起来。试了几次，每次都是这样。工程师又连续去了两个晚上。第二个晚上，车主买了巧克力冰淇淋和草莓冰淇淋，车能启动。第三个晚上，买了香草冰淇淋，车又启动不了了。

工程师绝不相信这部车对香草冰淇淋过敏。于是他努力工作以求解决问题。每次他都做记录，像日期、汽车往返的时间、汽油类型等。经过深入的思考和仔细的观察，最后他发现了线索：车主买香草冰淇淋比买其他冰淇淋所花的时间要短。因为香草冰淇淋很受欢迎，故商店分箱摆在货架前面，很容易取到。因而问题就变成了：为什么这部车从熄火到发动的时间变短就会出问题。

当问题渐渐明确时，一个关键出现了：蒸汽锁。蒸汽锁控制汽车引擎的散热状况。当这位车主买其他口味冰淇淋时，由于时间较长，引擎有足够的时间散热，重新发动就没有太大的问题。但是买香草冰淇淋时，由于花的时间较短，引擎太热，以至于无法让蒸汽锁有足够的时间散热，所以造成无法发动的问题。

汽车对香草冰淇淋“过敏”，这的确有点离奇，或许很多人收到这样的报告都会当成一种玩笑。但是工程师却抓住问题不放，深入思考，寻找解决问题的突破口，才让事情得到完美的解决。如果缺乏了这些，恐怕即使发现了问题，也会被当成一个玩笑，或被忽略。

在现实中，我们会遇到各种各样的问题。对于简单的，可能不费吹灰之力就能找到答案；但对于较为复杂的，可能就需要花费大量的精力。此时，我们不能浅尝辄止，简单地得出“可能或不可能”的结论，而是要投入努力，深入思考，积极地寻求解决问题的方法，唯有如此，才能使问题很好地得到解决。

奥里森·马登说过，把梦想变为现实，一定要做三件事。第一，使目标具体化；第二，深入思考；第三，付诸行动。可以说深入思考是保证行动正确的必然前提，是实现目标的重点所在。深入一步就是需要人们拥有丰富的思维方法，只有这样，才能获益多多。

凡事多问几个“为什么”

拿破仑·希尔曾经说过这样一句话：“由于我们的大脑限制了我们的手脚，因此，我们掌握不了出奇制胜的方法，往往会简单地放弃。”深入一步，就能够增加思维的深度，取得有效的突破。因此，可以说深入一步就是人们获取成功的一柄利器，很多创造和办法都是在深入一步的思考中诞生的。

那么，怎样才能“深入一步”呢？这就需要我们不轻易对问题的进展表示满足，多问几个“为什么”，揭示出问题的本质，那时解决问题不仅能治标，还能治本。

丰田汽车工业公司总经理大野耐一认为，他之所以能发明“丰田生产方式”，根本原因在于他从不满足，善于“在没有问题中找出问题”。在世人看来，“不满足现状”总是不好的，但在丰田工厂里却有一个口号：“不满足是进步之母。”丰田工厂鼓励员工对现状不满。但要求把这个不满同改革结合起来，而不是和牢骚结合起来。大野本人就是个善于从不满中发现问题，并加以改进的人。大野曾总结他发现问题的秘诀，在于凡事要“问5次‘为什么’”？

有一次，生产线上有台机器老是停转，修了多次都无效。大野就问：“为什么机器停了？”

工人答：“因为超负荷，保险丝烧断了。”

大野又问：“为什么超负荷呢？”

答：“因为轴承的润滑不够。”

大野再问：“为什么润滑不够？”

答：“因为润滑泵吸不上油来。”

大野再问：“为什么吸不上油来呢？”

答：“因为油泵轴磨损，松动了。”这样，大野还不放过，又问：“为什么磨损了呢？”

答：“因为没有安装过滤器，混进了铁屑。”

于是，大野下令给油泵安上过滤器，终于使生产线恢复了正常。倘若不是这样打破砂锅问到底，只满足于换一个保险丝，或者换一下油泵轴，过一阵仍会出现同样的故障。大野说：“丰田生产方式就是积累并运用这种反复问5次‘为什么’的科学探索问题才创造出来的。”

所以，当你就一个问题探寻其原因时，一定要追根溯源，深入探查问题的核心，而不要满足于停留在问题的表面。

多问几个“为什么”的纵向思维方法在科研方面也起着主

要的作用。

我们这里举一个典型的例子：

爱迪生是人类历史上最伟大的发明家，他一生的发明有1600多种，有人不无夸张地说："如果没有了爱迪生的发明，人类文明史至少要往后推迟200年。"那么，爱迪生的发明天赋从何而来呢？对他一生进行长期研究的专家指出，爱迪生的发明很多来自提问。平时爱迪生会对常人熟视无睹的问题提出无数个"为什么"。虽然他没有将自己所问的问题都求出答案来，然而他已得出来的答案却多得惊人。

有一天，他在路上碰见一个朋友，看见他手指关节肿了。便问：

"为什么会肿呢？"

"我不知道确切的原因是什么。"

"为什么你不知道呢？医生知道吗？"

"唉！去了很多家医院，每个医生说的都不同，不过多半的医生认为是痛风症。"

"什么是痛风症呢？"

"他们告诉我说是尿酸淤积在骨节里。"

"既然如此，医生为什么不从你骨节中取出尿酸来呢？"

"医生不知道如何取法。"病者回答。

"为什么他们不知道如何取法呢？"爱迪生生气地问道。

"医生说，因为尿酸是不能溶解的。"

"我不相信。"爱迪生说。

爱迪生回到实验室里，立刻开始"尿酸到底是否能溶解"的实验。他排好一列试管，每支管内都灌入1/4不同的化学溶液。每种溶液中都放入数颗尿酸结晶。两天之后，他看见有两种液体中的尿酸结晶已经溶化了。于是，这位发明家有了新的发现，一种医治痛风症的新方法问世了。

爱迪生这种凡事都爱问个"为什么"的思维方式，为他以后的各种发明创造开辟了一个广阔的天地。

纵向思维就是要问"为什么"，实际上"为什么"这三个字表达了一种深入开掘的欲望。很多时候，对那些寻常的事物，我们自认为很熟悉，想不起要问个"为什么"。殊不知，事物的真实本质和改变创新的机遇，往往就隐藏于对寻常事物再问一个"为什么"的后面。

因此，我们主张进行积极的思维活动，不管遇到什么问题，都要多问几个为什么。当你恰到好处地利用纵向思维这把开启脑力的钥匙后，整个世界也就为你敞开了大门。

坚持自己

纵向思维就如一把钻头，深入探究到问题本源。它给我们的另一个启示是：在做事情时，必须坚持自己的主张，坚定不移地贯彻自己的想法，不被外物或其他人左右，也许就能实现最终的成功。

20 世纪 70 年代，世界拳王阿里因体重超过正常体重 20 多磅，速度和耐力大不如前，他也因此面临告别拳坛的厄运。

1975 年 9 月，4 年未登上拳台的 33 岁的阿里与另一拳坛猛将弗雷泽进行第三次较量。在进行到第十四回合时，阿里已筋疲力尽，处于崩溃的边缘。他随时都可能倒下，几乎再没有力气迎战第十五回合了。

然而，阿里并没有倒下，而是拼命坚持着，不肯放弃。他心里清楚，对方也和自己一样，也筋疲力尽了。比到这个时候，与其说在比气力，不如说在比毅力，最后的胜利就看谁能比对方多坚持一会儿了。他知道此时如果在精神上压倒对方，就有胜出的可能，于是他竭力保持着坚毅的表情和誓不低头的气势，双目如电。弗雷泽不寒而栗，以为阿里仍存着体力。阿里从弗雷泽的眼神中察觉了这一微妙的变化，他精神为之一振，更加顽强地坚持着。果然，弗雷泽表示甘拜下风。裁判当即高举阿里的臂膀，宣布阿里获胜。这时，保住了拳王称号的阿里还未走到台中央便眼前一片漆黑，双腿无力地跪在地上。弗雷泽见此情景，追悔莫及，并为此抱憾终生。

阿里的胜利胜在他在最后时刻的坚持，而弗雷泽的失败就败在他关键时刻的放弃。

世界上最令人遗憾的事，恐怕莫过于功亏一篑了。若自身条件不满足"再坚持"的要求，此可谓无奈。但是很多时候我们却是主动放弃自己的信念，致使自己与成功失之交臂。若能坚持到底，结果就会大不一样。

贝尔发明电话，是在爱迪生等著名科学家经历了几年的研究，决定放弃，并向世界宣布电话不会产生后，将螺钉拧动 1/4 周，从而使电话起死回生。于是爆发了一个著名的官司，最后以贝尔为电话的发明人而结束。爱迪生是一个伟大的发明家，可惜他未在电话的研究上再坚持一下，结果留下了终生遗憾。

我们通常并不缺少坚持下去的能力，而是缺少坚持下去的信心和耐心，这就可能使我们遭遇令人扼腕叹息的事情。

胜利往往产生于再坚持的努力。当成功离我们只有一步之遥时，放弃者就是失败者，而坚持下来的人就是成功者。

在实现目标的过程中，需要克服两种障碍：一是事情本身的难度；二是他人的偏见和异议。很多人半途而废，就是被这两大障碍打败。

18 世纪末，欧洲政坛上出现了一位最没有规矩，并且以近乎偏执的态度坚持自己的人，他就是拿破仑。

他的从政经历很独特：一个没有贵族血统，没有门第背景的人，却靠娶了一个有钱的寡妇，挤进了法国政坛。

他坚持自己的战斗策略：别人都是列着队敲着鼓走到跟前了再放枪，可他打仗是先用大炮轰，然后再让骑兵冲上去一顿乱砍。拿破仑曾下达过一条著名的指令："让驴子和学者走在队伍中间。”在拿破仑的远征军中，除了2000门大炮外，还带了175名各个行业的学者以及成百箱的书籍和研究设备。

他有独特的用人方式：除了法国，当时没有任何一个欧洲国家的元帅是鞋匠、木工、小摊贩，可他的26位元帅中，有24位出身于此类平民。

他甚至连加冕都按自己的想法来：别的皇帝都是跪下让教皇把王冠给他戴上，他竟然是站起来抓过王冠，自己给自己戴上的！

总之，如同当时欧洲的贵族们怒斥的那样：拿破仑这个土匪是世界上最没有规矩的人！

但是他们又不得不臣服于拿破仑，并且按照拿破仑给他们制定的规矩生活，因为按照他们自己的规矩，他们打不过拿破仑。拿破仑的军队踏遍了整个欧洲，欧洲历史上所有的军事强国全都一一败在他的手上……

只有被苹果撞头，想到万有引力的牛顿；看到太阳，质疑天圆地方的哥白尼这样敢于质疑的人，才是社会发展的推动者。他们忍受着不被人理解的困扰和庸碌者无知的嘲笑，以孜孜不倦的科研热情证实了自己的猜想，奠定了自己不可撼动的地位，并为后来者指明了一条创新、创业的发展之路。唯有这些敢于打破陋俗，勇于质疑陈规，对自己的信念坚定不移的人，才能从历史中脱颖而出，成为时代进步的先锋。

走出别人的脚印，另辟一条蹊径，你的人生也许因此不同。

每一个人的成功总是受环境因素的制约，你所做的一切都正确，你也不一定会成功，你还需要满足许多条件。所以说，人生还需要战胜挫折、失败，需要坚持，需要不达目的不罢休的意志。

路要一步一步走

用纵向思维法解决难题时，问题要一环一环地分析，一个一个地破解；同样，在人生旅途中，路也要一步一步地走，不可急功近利。

俗话说："欲速则不达。"凡是成大事者，都力戒"浮躁"二字。只有踏踏实实地行动才可开创成功的人生局面。急躁会使你失去清醒的头脑，在你奋斗的过程中，浮躁占据着你的思维，使你不能正确地制定方针、策略而稳步前进。所以，任何一位试图成大事的人都要扼制住浮躁的心态，只有专心做事，才能达到自己的目标。

古代有个叫养由基的人精于射箭，且有百步穿杨的本领。据说连动物都知晓他的本领。一次，两个猴子抱着柱子，爬上爬下，玩得很开心。楚王张弓搭箭要去射它们，猴子毫不慌张，还对人做鬼脸，仍旧蹦跳自如。这时，养由基走过来，接过了楚王的弓箭，于是，猴子便哭叫着抱在一起，害怕得发起抖来。

有一个人很仰慕养由基的射术，决心要拜养由基为师，经几次三番的请求，养由基终于同意了。收他为徒后，养由基交给他一根很细的针，要他放在离眼睛几尺远的地方，整天盯着针眼看，看了两三天，这个徒弟有点疑惑，问师父："我是来学射箭的，师父为什么要我干这莫名其妙的事，什么时候教我学射术呀？"

养由基说："这就是在学射术，你继续看吧。"

这个徒弟开始还好，能坚持下去。可过了几天，他便有些烦了。他心想，我是来学射术的，看针眼能看出什么来呢？师父不会是敷衍我吧？养由基教他练臂力的办法，让他一天到晚在掌上平端一块石头，伸直手臂。这样做很苦，那个徒弟又想不通了，他想，我只学他的射术，他让我端这石头做什么？于是很不服气，不愿再练。养由基看他并非可造之才，不想勉强他，就由他去了。后来这个人又跟别的师父学艺，最终没有学到射术，空走了很多地方。

其实，如果他能脚踏实地，不好高骛远，甘于从一点一滴做起，他的射术肯定会有很大的进步。

秦牧在《画蛋·练功》文中讲道："必须打好基础，才能建造房子，这道理很浅显。但好高骛远、贪抄捷径的心理，却常常妨碍人们去认识这最普通的道理。"从处世谋略上讲，"是技皆可成名天下，唯无技之人最苦；片技即足自立天下，唯多会之人最劳"。

若什么都只是浅尝辄止，不肯钻研却又想马上取得成效，是不可能的。好高骛远者并非定是庸才，他们中有许多人自身有着不错的条件，若能结合自己的实际，制定切实可行的行为方针，是会有光明的前途的。如果一味地追求过高过远的目标，就会成为高远目标的牺牲品。

现在有许多年轻人不满意现实的工作，羡慕那些老板或高级白领人员，不安心本职工作，总是想跳槽。其实，那些人大多看似风光，但其中的艰苦搏杀也非一般人所能承受的。空想冲动都是枉然。我们还是应该脚踏实地，做好基础工作，一步一个脚印地走上成功之途。

到达顶峰没有什么捷径，成功之路，绝非坦途，一步一步地将脚步踩实，才能走出一段华美人生。

第八章　侧向思维

——另辟蹊径，跳出原来的圈子

认识侧向思维法

如果你是一家电影公司的职员，现在，公司要在另外一个城市开一家新的电影院，于是安排你做一件事情：在1～2天的时间里，帮公司寻找一个最适合开电影院的地方。你有把握在这么短的时间内找到吗？

众所周知，开电影院和开商店的经验是一样的：最重要的莫过于位置。因为，商店和电影院生意要兴隆，首先得人气旺。而人气要旺，就必须将位置选择在人流量多、消费能力强的地方。

很多人面对这样的问题，很容易根据常规思维，用测算人流量的方法去解决。其中最直接的方法，就是每天派人到各处实地考察，但这样需要耗费大量的时间和精力，短时间内得出结果根本不可能。还有一种办法就是请专门的调查公司去做调查，那花费肯定不会少。除这两种方法外，还有没有更好的方法？

日本一家电影公司的一位高级管理者，就遇到过这样的问题。但他只采用了一个非常简单的方法，就轻而易举地将问题解决了。

他是怎么做的呢？——带领自己的下属，到将要开设电影院的城市的所有派出所进行调查。调查的目标十分简单：哪个地方平时丢钱包最多，然后就选择丢钱包最多的地方开电影院。

结果证明，这个选择简直太对了，这家电影院成了电影公司开设的众多电影院中最火的一家。

做出这种选择的理由是什么？因为钱包丢失最多的地方，就是人流量最大、消费活动最旺盛的地方。

这位主管所采用的方法，就是侧向思维法。它的具体做法是：思考问题时，不从“正面”角度，而是通过出人意料的侧面来思考和解决问题。

生活中需要解决的某些问题，如果从正面来找突破口，往往比较困难，这时，就可以考虑从侧面去寻找。

让我们来看看上面开电影院找派出所调查的例子所用的思路：

1. 目标：最理想的地方——人最多的地方。

2. 人最多的地方表现：(1) 人头攒动；(2) 拥挤；(3) 吵吵嚷嚷；(4) 容易丢东西；(5) 其他……

3. 去掉其他方面的表现，仅选一个重要的侧面：容易丢东西。

4. 从哪里才能知道什么地方最容易丢东西——派出所。

这样从侧面顺藤摸瓜地摸下去，问题很快就有了解决的方法了。

生活中还有许多类似的例子，某些情况较难在短时间内摸清状况，便可以采取这种侧向思维法来考察。

下面就是一个巧用侧向思维法的故事：

美国加州的可布尔饮料开发有限公司需要招聘新员工，有一个叫马克尔的年轻人到公司去面试。他在一间空旷的会议室里忐忑不安地等待着。

过了一会儿，一位相貌平常，衣着非常朴素的老者走了进来。马克尔连忙站起来去迎接他，但是，那位老者只是盯着他看，好长时间眼睛一眨也不眨。正在马克尔被看得莫名其妙、不知所措的时候，这位老人突然一把抓住了马克尔的手大声地叫道："我可找到你了，我终于见到你了！上次要不是你，我的女儿可早就没命了！"这是怎么回事？马克尔真是丈二和尚摸不着头脑，因为他从来就没有见过这位老者。

"你不记得了吗？尊敬的先生，上一次，就是在中央公园里，是你呀，就是你把我失足落水的女儿从湖里救出来的！"老人激动得连声说道。对于这种莫名其妙的事情，马克尔自然十分纳闷。当他明白了事情的原委以后，心想原来这位老者将自己当做他女儿的救命恩人了。他马上诚实地说："老先生，我想您是认错人了，我不是那个救您女儿的人。""是你，是你，一定不会错的！"老人又一次肯定地说。

马克尔面对这位感动不已的老人，只能再三地解释："先生，真的不是我！你说的那个公园，我至今还没有去过呢！"听着马克尔的辩解，老人终于松开了手，失望地望着他说："难道真的是我认错人了？"马克尔安慰老者说："老先生，您别着急，慢慢地找，一定可以找到那位救您女儿的先生的！"后来，马克尔如愿以偿，被这家公司聘用了。

有一天，马克尔又遇见了那位老人，便主动上前关切地与他打招呼，并且询问道："救你女儿的人找到了吗？""没有，我一直没有找到！"这位老人表情木讷地走开了。

马克尔的心情非常沉重。有一天，他对公司的一位老员工说起了这件事，不料那位员工哈哈大笑道："你认为这位老先生可怜吗？他是我们公司的总裁！他女儿落水的故事也不知讲了多少遍了，事实上，他根本就没有女儿！"

"这是为什么？"马克尔大惑不解。那位员工接着说："我们总裁是通过这种方法和这件事情来选人才的。他说过，只有品德高尚的人，才是可以塑造的人才！"

马克尔工作兢兢业业，不久就成为公司市场开发部的总经理，一年就为公司赢得了350万美元的利润。当那位可敬的总裁年老退休时，马克尔接替了总裁的位置。

这位老人的考题确实比较怪诞，但他却巧妙地运用这种方法选到了值得信赖的人才。在面试的那十几分钟里，应聘者展现出的都是才华横溢的一面，怎样才能在短时间内了解一个人的品质呢？直接看是得不到真实答案的，通过这样一道小小的考题却可以从侧面看清一个人的品质是否高尚，使我们不得不为老人思维的灵活而赞叹。

就像我们在走路时，正前方出现了一块巨石挡住了去路，我们不必沮丧，也不必往回走，我们可以尝试走旁边的小路，也许可以更快地到达目的地呢。侧向思维在解决问题时所起的就是那“小路”的作用。

换一个视角看问题

美国总统罗斯福再次参加竞选时，竞选办公室为他制作了一本宣传册，发放给记者和选民，为竞选造势。在这本册子里有罗斯福总统的相片和一些竞选信息。

接着成千上万本宣传册被印刷出来。

但就在这些宣传册印刷完毕，即将分发的时候，竞选办公室的一名工作人员在做最后的核对时，突然发现了一个问题：宣传册中有一张照片的版权不属于他们，而为某家照相馆所有，他们无权使用。

竞选办公室陷入了恐慌，手册分发在即，已经没有时间再重新印刷了，该怎么办？如果就这样分发出去，无视这个问题，那家照相馆很可能会因此索要一笔数额巨大的版权费，也会对罗斯福的总统竞选造成负面影响。

有人立刻提出，派一个代表去和照相馆谈判，尽快争取以一个较低的价格购买到这张照片的版权。这是大多数人遇到相同问题时最可能会采取的处理方式，也就是正面思维常会想到的方式。但竞选办公室选择的却是另一种方式。

他们通知了这家照相馆：竞选办公室将在制作的宣传册中放上一幅罗斯福总统的照片，贵照相馆的一张照片也在备选的照片之列。由于有好几家照相馆都在候选名单中，竞选办公室决定将这次宣传机会进行拍卖，出价最高的照相馆将会得到这次机会。

结果，竞选办公室在两天内就接到了该照相馆的投标书和支票。在最后，竞选办公室不但摆脱了可能侵权的不利地位，甚至还因此获得了一笔收入。

在这里我们可以发现，竞选办公室采取的方式十分特别，从侧面对该家照相馆旁敲侧击，将主动权掌握在自己手中，让照相馆反过来有求于己，这样的解决方法，比同照相馆就照片使用权问题进行谈判所获得的结果要好很多。

罗斯福竞选办公室的工作人员很善于换一个视角看问题，从面临版权问题的正面换到了侧面，总统竞选的过程也可以成为商家做宣传的过程，同时也看到了解决问题的方法。

古人说："横看成岭侧成峰，远近高低各不同。"这些区别也许就是因为看待问题的视角不同。从正面看，前方障碍重重，从侧面看，问题迎刃而解；从正面看，是一场灾难，从侧面看，却是一个商机。

南宋绍兴十年七月的一天，杭州城最繁华的街市失火，火势迅猛蔓延，数以万计的房屋商铺置于汪洋火海之中，顷刻之间化为废墟。

有一位裴姓富商，苦心经营了大半生的几间当铺和珠宝店，也恰在那条闹市中。火势越来越猛，他大半辈子的心血眼看将要毁于一旦，但是他并没有让伙计和奴仆冲进火海，舍命抢救珠宝财物，而是不慌不忙地指挥他们迅速撤离，一副听天由命的神态，令众人大惑不解。

然后他不动声色地派人从长江沿岸平价购回大量木材、毛竹、砖瓦、石灰等建筑用材。当这些材料像小山一样堆起来的时候，他又归于沉寂，整天品茶饮酒，逍遥自在，好像失火压根儿与他毫无关系一样。

大火烧了数十日之后被扑灭了，但是曾经车水马龙的杭州，大半个城已是墙倒房塌，一片狼藉。

不几日朝廷颁旨：重建杭州城，凡经营销售建筑用材者一律免税。

于是杭州城内一时大兴土木，建筑用材供不应求，价格陡涨。

裴姓商人趁机抛售建材，获利巨大。其数额远远大于被火灾焚毁的财产。

侧向思维为我们提供了一个崭新的思维视角，在我们的生活中与工作中，遇到困难或是难以跨越的“坎”时，不妨尝试一下侧向思维，你也许可以看到另外一片天地。

运用侧向扩散法

当思考某个问题遇到难以解决的困难时，可以采用侧向扩散方法，即不从正面直接着手，而是另辟蹊径，从侧面寻找突破口，这样往往能化难为易，变被动为主动。

地质学家伍德沃德就利用侧面扩散法找到了铜矿。1949 年，伍德沃德到赞比亚西部高原上寻找铜矿，可是一直未能找到。后来，伍德沃德发现了一种奇怪的小草，这种小草在有些地方开着紫红的花朵，而在有些地方则开着红花。伍德沃德想，小草开出不同颜色的花，会不会是土壤中含有不同的矿物质引起的？于是，伍德沃德就把开着不同颜色两种花的土壤带到实验室进行分析，结果果然发现开紫花的小草生长的土壤中含有大量的铜元素。于是，伍德沃德便变找铜矿为找这种奇怪的小草，最后果然发现了一个世间罕见的大铜矿。

铜矿隐藏在地下，人的肉眼看不到它，但伍德沃德却巧妙地利用侧向思维，从而使问题轻而易举地得到解决。

还有一位传奇的人物运用侧向扩散法完成了一项令人慨叹的旅行——用80美元环游世界。这个人是一位叫罗伯特·克里斯托弗的美国人。

如果让我们完成这个旅行，绝大部分人可能都会摇头，甚至认为是在搞恶作剧，因为80美元还不够买一张到加拿大的机票。罗伯特是怎样做到的呢？

首先，罗伯特找出一张纸，写下他为用80美元环游世界所做的准备：

1. 设法领取到一份可以上船当海员的文件。

2. 去警署申领无犯罪记录证明。

3. 取得YMCA（美国青年会）的会籍。

4. 考取一个国际驾驶执照，找来一套世界地图。

5. 与一家大公司签订合同，为之提供所经国家和地区的土壤样品。

6. 同一家航空公司签订协议，可免费搭机，但要拍摄照片为公司做宣传。

……

当罗伯特完成上述的准备后，年仅26岁的他就在口袋里装好80美元，兴致勃勃地开始自己的旅行。

以下是他旅行的一些经历：

1. 在加拿大巴芬岛的一个小镇吃早餐，他不付分文，条件是为厨师拍照。

2. 在爱尔兰，花4.80美元买了4条香烟，从巴黎到维也纳，费用是送船长1条香烟。

3. 从维也纳到瑞士，列车穿山越岭，只需4包香烟。

4. 给伊拉克运输公司的经理和职员摄影，结果免费到达伊朗的德黑兰。

5. 在泰国，由于提供给酒店老板某一地区的资料，受到酒店贵宾式的待遇。

……

最终，通过一个完整而巧妙的计划和众人的帮助，罗伯特实现了他用 80 美元环游世界的梦想。

侧向扩散法能够使我们的思想维度更发散，在侧面寻找解决问题的方法时，视角能更加广阔，众多的思路如泉涌般产生，那时，问题不再成为前进的绊脚石，而是垫脚石了。

从侧向打开另一条路

我们常听老人对我们说："别在一棵树上吊死。"那是在告诉我们：问题总会有解决的办法，人生总会有出口，何必执著于一点不放？正面行不通，那就转个身，从侧向打开另一条路。

一位在金融界工作的年轻人，立志要读金融研究生，三大部《中国金融史》几乎被他翻烂了，可是连考数年都未中。

然而，在这期间，不断有朋友拿一些古钱向他请教，起初他还能细心解释，不厌其烦。后来问的人实在太多了，他索性编了一册《中国历代钱币说明》，一是为了巩固所学的知识，二是为了给朋友提供方便。

这一年，他依旧没有考上研究生，但是他的那册《中国历代钱币说明》却被书商看中，第一次就印了 1 万册，当年销售一空。现在，这位朋友已经是"中产阶级"了。

无独有偶。一位华中师大的年轻教授，刚结婚不久，妻子就因为患类风湿性关节炎成了卧床不起的病人，生下女儿后，病情又加重了。面对长年卧床的妻子、刚刚降生的女儿和还没开头的事业，他矛盾重重。

一天，他突然想到，能不能把自己的研究方向定在儿童语言的研究上呢？从此，妻子成了最佳合作伙伴，刚出生的女儿则成了最好的研究对象。家里处处都是小纸片和铅笔头，女儿一发音，他们立刻作最原始的记载，同时每周一次用录音带录下文字难以描摹的声音。

就这样坚持了 6 年，到女儿上小学时，他和妻子开创了一项世界纪录：掌握了从出生到 6 岁半之间几百万字的儿童语言发展原始资料。而国外此项纪录，最长只到 3 岁。1991 年，他的《汉族儿童问句系统学习的探微》出版，在国外语言学界引起了震动，被《中国语言年鉴》誉为“关于儿童语言发展的奠基之作”。

此后，硕果累累：他和妻子合著的《父母语言艺术》出版；他主编的《聋儿语言康复教程》获奖；35 万字的最新论著《儿童语言发展》，又被列入出版计划……

“失之东隅，收之桑榆。”也许在正前方的路上你会碰上艰难险阻，甚至会伤痕累累，那么，就换另一条路，从侧面打开一片新思路。

曾有这样一个故事：

麦克近来为工作的事情很是发愁，本来他干得好好的，而且他很喜欢现在的工作，但他却在考虑换工作。

原来，麦克的上司是个很难缠的人，自己的能力不高却嫉贤妒能，一直打压属下的发展。对属下的工作要求苛刻却从来不提供任何帮助，也从来不向老板说一句员工的好话。部门的员工都不喜欢他，但是为了工作，又不得不与他共事。上个月，又有两名业务骨干跳槽走了，麦克已经是部门业务能力最强的人了，但向上发展的希望很渺茫。走，还是留？麦克陷入了矛盾中。

当妻子看到愁容满面的麦克时，询问他是否身体不舒服，麦克便将自己的苦恼告诉了妻子。

妻子听了后，笑着说：“为什么非要陷在这种痛苦的选择中呢？按照我说的方法，把自己解脱出来吧。”随后，给他出了一个主意。

几天后，麦克兴高采烈地回到家中，他给了妻子一个热烈的吻，告诉妻子，自己被提升为部门经理了！

原来，妻子给他出的主意是：将上司的材料提供给猎头公司，两天后，上司就接到了猎头公司的电话，之后，便欢欢喜喜地跳槽走了，空出的职位自然非麦克莫属了。

从侧向打开另一条路，体现的是一种智慧、一种思维方式。它告诉我们在遇到困难时不能坐以待毙，或陷入传统思维的陷阱，而应将自己的思路打开，积极地去寻找另外一条路，一条通往成功的捷径。

从侧向寻找问题的突破口

在一次集团董事会之后，某董事毅然做出一个决定：撤出投资。这一消息立刻引起一片哗然，大家都不明白该董事为何在公司发展势头正旺时撤资，这不是明摆着将摆在面前的钱向外推吗？

谁知，就在这位董事撤资后不足两个月，该公司便因经营不善倒闭了。众多股东的利益受到了极大损失。这时，大家又羡慕起之前撤资的股东运气好，可这位股东却告诉大家，这不是运气。

原来，开董事会的那天，这位董事注意到董事长的指甲打理得很漂亮，显然是经过了专业保养了。他也就由此看到了公司惨淡的未来。董事长应该忙于公司的事务，一个将精力放在指甲修饰上的董事长又怎么会带领公司快速发展呢？

这位董事从“修饰指甲”这一侧面认识到了公司存在的根本问题，这正是侧向思维巧妙运用的结果。

运用侧向思维法，往往可以帮助我们从侧向寻找到问题的突破口，当年法国向百姓推广土豆的种植便运用了这一方法，并取得了意想不到的好效果。

原来，当土豆引入欧洲时，并不被百姓所认同。法国国王想尽了办法来宣传土豆的优点：高产、耐旱、省肥、抗病虫害、营养丰富、便于储藏，等等。可以说使出了浑身解数，但却没有收到什么效果，百姓仍对其敬而远之。

后来，有个小官向国王献计，由国王下令在一片空地上种植土豆，并且在白天派兵看守，晚上再将守兵撤去。这一下激发了百姓们浓烈的兴趣，大家都在猜测这究竟是什么好东西，竟然需要卫兵来看守？于是，几个胆子大的人晚上将土豆偷来种在自家地里。这样，偷种的农家越来越多，土豆也就在法兰西的田野上很快推广开了。

当正面的努力难以取得进展时，不妨从侧面进行旁敲侧击，找到问题的突破口。这种方法也可以用于谈判中，当双方的对话陷入尴尬境地时，便可以从侧面刺激对方与我们交流，以便掌握更多的信息，在谈判中占据优势。

下面这个推销员的做法就堪称经典。

有一个推销员上门推销化妆品。

“不好意思，我们目前没有钱，等我有钱了再买，你看行吗?”女主人客气地拒绝了。

这时，推销员突然发现她家门厅里有一只女用高尔夫球袋，推销员立刻计上心头，便话锋一转说道：“这球袋是您的吗?”

“是啊!”

“呵，您的球袋真漂亮。”

“噢，这是我去年到欧洲旅游时在巴黎买的。”

“您是高尔夫球的爱好者呀!”

“是啊，为此我花了不少钱。”

“对啊，打高尔夫球是富人们的娱乐活动。”

“你说得很对，在国外，高尔夫球是上层社会人士喜爱的高级娱乐。”

当这位太太眉飞色舞地谈论时，推销员不失时机地说："是的，这种化妆品不是便宜货，确实是贵了一点，所以用它的女士都是高收入者，而且，使用这种化妆品就如打高尔夫球一样，能显示您的身份!"

这句话正好说中这位太太的心理，为了不丢掉自己的面子，她无法再说出"没钱"的借口了。

侧向思维就是这么奇妙，几句简单的话，几个简单的举动，几点小小的细节，都可以被我们所利用，旁敲侧击一番，仔细推敲几次，便可以找到问题的根源，为我们的行动提供有效的指导。

不能忽视的细节

许多人常常忽视细节的作用，殊不知，细节往往是解决问题的侧向突破口。老子说："天下难事，必做于易；天下大事，必做于细。"不起眼的事物也许会带来新的发现。

自新任老板长川上任以后，常磐百货公司营业额每年翻一番，其经营物品几乎包揽了全县所有人所需的日常生活用品和食品。

长川成功的秘诀是什么呢?

原来他刚刚到常磐百货公司上任时，公司只是一个很普通的生活用品商场，县城里和他们公司同样大小的百货公司还有5家。怎样才能在竞争中尽快地出效益呢?

如今人们买东西常集中采购，为防止丢三落四，会先写一个购物清单。有一次，长川看见一位女顾客买完一件东西要走时，把一个纸条扔到商场门口的纸篓里，他马上跑过去捡起来，发现上面写了顾客需要的另外两种东西，他们商场里也有，只是质量不如顾客点名要的品牌好。他根据这一信息，更换了该商品的品牌，果然有很好的效果。于是长川经理开始每天把废纸篓里的纸条全部捡回去，仔细研究顾客的需要。很快，他就知道了顾客对哪几类商品感兴趣，尤其青睐哪几种牌子，对某类商品的需要集中在什么季节，顾客在挑选商品时是如何进行合理搭配的，等等。在长川经理的带动下，常磐百货公司总是以最快的反应速度适应顾客，并且合理地引领顾客超前消费，一下子把顾客全部拉进了他们的店里。

巨大的机会常常就潜藏在一个微不足道的细节中。即使废纸篓里的一些废纸条，有时也预示着某些商业信息。善于利用细节，在侧向思维的指导下化平凡为神奇，你就能掌握更多的机会，从而能多角度、多渠道地解决好问题。

细节能反映的问题是多方面的，它可以从侧面反映一个人的素质、一个人的能力、一个组织的管理状况、一家企业的经营状况，甚至是一个国家的发展前途。

大家也许都听说过这样一个关于应聘的故事：

有家招聘高级管理人才的公司，对一群应聘者进行复试。尽管应聘者都很自信地回答了考官们的简单提问，可结果却都未被录用，只得怏怏离去。这时，有一位应聘者，走进房间后，看到了地毯上有一个纸团。地毯很干净，那个纸团显得很不协调。这位应聘者弯腰捡起了纸团，准备将它扔到纸篓里。这时考官发话了："您好，朋友，请看看您捡起的纸团吧！"这位应聘者迟疑地打开纸团，只见上面写着："热忱欢迎您到我们公司任职。"几年以后，这位捡纸团的应聘者成了这家著名大公司的总裁。

这显然是一道考察求职者细节的试题，但它反映出的信息绝不仅仅是"这个人讲究卫生"这一点，而是透过这一点表现出了应试者的细心、责任心等一系列员工应具备的素质。

我们知道，不可能在一天内将一家公司经营成跻身国际前列的大企业；同样，一家公司也不会在瞬间落败。经营中存在的诸多细节都从侧面反映了导致落败的原因，却被我们忽略了。

也许我们对诞生于1991年的荣华鸡快餐公司还存有印象。荣华鸡给大家带来的深刻印象大致有两点：一是向肯德基叫板，号称“肯德基开到哪，我就开到哪”；二是败落的速度之快，2000年，随着荣华鸡快餐店从北京安定门撤出，荣华鸡为期6年的闯荡京城的生涯，画上了一个不太圆满的句号，在与肯德基的大战中“落荒而逃”。

荣华鸡走了，给我们留下了思考：荣华鸡为什么竞争不过肯德基？

在分析荣华鸡与肯德基大战中荣华鸡败走麦城的原因时，曾有各种各样的说法，但专家分析认为，包括荣华鸡在内的中式快餐与洋快餐较量落于下风的根本原因，在于细节。

肯德基曾在全球推广“CHAMPS”冠军计划，其内容为：

C：Cleanliness 保持美观整洁的餐厅；

H：Hospitality 提供真诚友善的接待；

A：Accuracy 确保准确无误的供应；

M：Maintenance 维持优良的设备；

P：Product quality 坚持高质稳定的产品；

S：Speed 注意快速迅捷的服务。

“冠军计划”有非常详尽、可操作性极强的细节，保证了肯德基在世界各地的每一处餐厅都能严格执行统一规范的操作，从而保证了它的服务质量。

现代文明赋予快餐的定义是工厂化、规模化、标准化、依托现代化管理的连锁体系。肯德基就是这些要求的产物，而包括荣华鸡在内的中式快餐，还远没有达到这种要求。因为中式快餐的厨师都是手工化操作，食品没办法根据标准进行批量化生产。因为没有标准化，食品的质量难以得到保证，比如肯德基规定它的鸡只能养到7星期，到时一定要杀，到第八星期虽然肉长得多了，但肉太老。而包括荣华鸡在内的所有中式快餐，恐怕就没有考虑到，或者即便考虑过也没有细致到这种程度。

因为缺少标准化，卫生状况、服务质量也难以得到保证。例如，当年荣华鸡的店员就曾当着顾客的面在柜台内用苍蝇拍打苍蝇，而盛着炒饭、鸡腿的柜台根本就不加遮盖。这正是荣华鸡在与肯德基的较量中败走麦城的原因。

到现在，你也许会感叹：细节太可爱了，细节也太可怕了。从细节中可以窥见太多太多的内容，你所展示出来的细节，实际上已经在“出卖”你。细节是不容忽视的，我们要善于从细节中发现问题，又要善于从细节中发现机遇。

从他人观点中发现闪光点

通过学习侧向思维法，我们知道，当遇到困难时，要从侧向寻求突破。那么，你有没有思考过，通过听取他人的建议也是从侧向解决问题的一种有效方式？

我们常说：“当局者迷，旁观者清。”他人站在局外往往可以为我们提供更有建设性的意见。适当地吸收他们的观点，可以帮助我们达到事半功倍的良好效果。

有一个年轻人，想独立创业，开一家服装店。母亲知道他这个创业计划后，劝他说：“你叔叔以前做过好多年生意，现在不做了，经验还在，你不如去请他传授传授。”

年轻人心想，叔叔做生意都是几年前的事了，他那点老经验拿到网络时代来用，只怕过时得太久了。他决定按自己的思路做事。

年轻人租了一个临街的门面，这周围只有几家食品店和百货店。他想，在这儿开服装店，没有竞争对手，生意肯定错不了。没想到，开业后，他的生意十分冷清，别说买主，连进来瞧一瞧的人都很少。母亲替他请来叔叔，帮忙看看生意不景气的原因。叔叔看了一眼就说：“你这地方开服装店不行，周围一家服装店也没有，不招客。”

年轻人奇怪地问："为什么？"

"你的店面小，花色品种有限，对顾客的吸引力本来就不大，加上没有竞争对手，价格没有比较，顾客怎会愿意来呢？"

年轻人心想：看来叔叔的经验还没有完全过时，说得还是有点道理的。既然这地方"风水不好"，那就只好关门大吉了。后来，他在叔叔的指点下，在另一个地点新开了一家服装店，这回生意做得很不错，现在已扩大成服装超市了。

俗话说："一处不到一处迷。"很多事不是凭自己的聪明能想象得到的，一定要去见识一番才能了解情况。要是全靠自己的胆量去闯，受伤的机会就比较多了，你怎么知道那个陌生的地方没有陷阱荆棘，没有毒虫猛兽？若是向过来人问一问，安全系数就大大提高了。

许多人对于向他人征求意见心存顾虑，认为对方的水平还不如自己，又怎么会提供好的观点呢？其实他不了解，好主意常常装在一个不如自己的人的脑袋里。

聪明人有聪明人的思考模式，他们的主意的确比较多，对大局的了解也比一般人清楚，可是对那些涉及最基层民众或最直接消费者的具体问题，就不是他们能想到的了。

所以，为了使决策更科学、更切合实际，有必要倾听来自基层的意见。别看那个员工整天坐在机床前闷头干活，像一台没有思想的机器，说不定他的脑袋里就装着一个意想不到的好主意呢！

美国"石油大王"盖蒂曾买了一块石油藏量极丰富的地。可是它太小了，夹在别人的地中间，只有一条极狭窄的通道，根本无法修一条铁路来运送笨重的钻井设备。眼看别人的钻井都竖起来了，盖蒂却一筹莫展，只好去向员工讨主意。一位老工人说："也许可以定制一套小型设备，建一座小型钻井，这样可以降低运输难度。"盖蒂心里一亮：既然可以定制一套小型设备，为什么不可以修一条较窄的铁路呢？结果，这个超常规的主意解决了盖蒂的所有难题，他最终在这块地上竖起了油井，并赚得几百万美元。

正因为基层员工经常能想到高层管理人员想不到的好主意，所以，国外众多优秀公司特别重视疏通从高层到最底层的沟通渠道，使各种好主意和好建议尽快地变成公司的政策。比如，有的公司实行走动式办公，要求各级管理人员随时跟下属接触，最高首脑也经常下基层巡视，与最底层员工交流；有的公司根本不为中下级管理人员设立办公室，要求他们经常跟普通员工在一起；有的公司实行“敞门式”办公，任何一级员工都可随时走进总经理的办公室反映情况；有的公司召开决策会议时，邀请员工代表参加。无论采取什么方法，他们的目的都是：听到基层员工的意见。

从他人观点中发现闪光点，是侧向思维法在生活中的应用。每个人的思维模式都不相同，对问题都有自己独特的看法。倾听他人的观点，就能知道许多跟自己不一样的思考方法，其中一定有值得自己借鉴的东西。那些少说多听的人显得比一般人有头脑，其原因也在于此。

第九章　系统思维

——人类所掌握的最高级思维模式

由要素到整体的系统思维

系统思维也叫整体思维，是人们用系统眼光从结构与功能的角度重新审视多样化的世界的思维。

系统是由相互作用、相互联系的若干组成部分结合而成的，它是具有特定功能的有机整体。系统思维的核心就是把前人已有的创造成果进行综合，这种综合，如果出现了前所未有的新奇效果，当然就成了更新的创造。从某种意义上说，发明创造就是一门综合艺术。

整体思维是创造发明的基础，它大量存在于我们的生活之中，有材料组合、方法组合、功能组合、单元组合等多种形式。徐悲鸿大师的名作《奔马》，运笔狂放、栩栩如生，既有中国水墨画的写意传统，又有西洋油画的透视精髓，它是中国画和油画技法的组合。我们买来的一件件成衣，是衣料、线、扣子等的组合。钢筋混凝土是钢筋和水泥的组合体。集团公司的产生、股份制的形成、连锁店的出现，都是综合的结晶。

系统思维是“看见整体”的一项修炼，它是一种思维框架，能让我们看到相互关联的非单一的事情，看见渐渐变化的形态而非瞬间即逝的一幕。这种思维方法可以使我们敏锐地预见到事物整体的微妙变化，从而对这种变化制定出相应的对策。

美国人民航空公司在营运状况仍然良好的时候，麻省理工学院系统动力学教授约翰·史德门就预言其必然倒闭，果然不出其所料，两年后这家公司就倒闭了。史德门教授并没有很多精确的数据，他只是运用了系统思考法对人民航空公司的“内部结构”进行了观察，发现这个公司组织内部一些因果关系还未“搭配”好，而公司的发展又太快，当系统运作得越有效率，环扣得越紧时，就越容易出问题，走错一步，满盘皆输。史德门之所以能够看出问题的本质，是因为他运用了整体动态思考方法，透过现象看到了问题的本质。

系统思维法是一种将各要素之间点对点的关系整合成系统关系的方法，在一般人的眼中，也许甲和乙是没有关系的独立个体，但是，以系统思维法去考察，却能够发现，这两者是息息相关的有机整体。那么，处理问题时就要将甲和乙全部纳入考虑范畴了，就像下面的这个故事一样：

一次，“酒店大王”希尔顿在盖一座酒店时，突然出现资金困难的状况，工程无法继续下去。在没有任何办法的情况下，他突然心生一计，找到那位卖地皮给自己的商人，告知自己没钱盖房子了。地产商漫不经心地说：“那就停工吧，等有钱时再盖。”

希尔顿回答：“这我知道。但是，假如一直拖延着不盖，恐怕受损失的不止我一个，说不定你的损失比我的还大。”

地产商十分不解。希尔顿接着说：“你知道，自从我买你的地皮盖房子以来，周围的地价已经涨了不少。如果我的房子停工不建，你的这些地皮的价格就会大受影响。如果有人宣传一下，说我这房子不往下盖，是因为地方不好，准备另迁新址，恐怕你的地皮更是卖不上价了。”

“那你想怎么办？”

“很简单，你将房子盖好再卖给我。我当然要给你钱，但不是现在给你，而是从营业后的利润中，分期返还。”

虽然地产商极不情愿，但仔细考虑，觉得他说得也在理，何况，他对希尔顿的经营才能还是很佩服的，相信他早晚会还这笔钱，便答应了他的要求。

在很多人眼里，这本来是一件完全不可能做到的事，自己买地皮建房，但是出钱建房的，却不是自己，而是卖地皮给自己的地产商，而且“买”的时候还不给钱，而是用以后的营业利润还。但是希尔顿做到了。

为何希尔顿能够创造这种令常人不可思议的奇迹呢？

就在于他妙用了一种智慧——系统智慧。其中最根本的一条，是他把握了自己与对方不只是一种简单的地皮买卖关系，更是一个系统关系——他们处于一损俱损、一荣俱荣的利益共同系统中。

从上面的例子我们也可以看出：在系统思维中，整体与要素的关系是辩证统一的。整体离不开要素，但要素只有在整体中才成其为要素。从其性能、地位和作用看，整体起着主导、统帅的作用。因此，我们观察和处理问题时，必须着眼于事物的整体，把整体的功能和效益作为我们认识和解决问题的出发点和归宿。

学会从整体上去把握事物

要运用好系统思维，就要学会从全局整体把握事物及其进展情况，重视部分与整体的联系，才能很好地从整体上把握事物。

第二次世界大战期间，在伦敦英美后勤司令部的墙上，醒目地写着一首古老的歌谣：

因为一枚铁钉，毁了一只马掌；

因为一只马掌，损了一匹战马；

因为一匹战马，失去一位骑手；

因为一位骑手，输了一次战斗；

因为一次战斗，丢掉一场战役；

因为一场战役，亡了一个帝国。

这一切，全都是因为一枚马蹄铁钉引起的。

这首歌谣质朴而形象地说明了整体的重要性，精确地点出了要素与系统、部分与整体的关系。

世界上任何事物都可以看成是一个系统，系统是普遍存在的。大至渺茫的宇宙，小至微观的原子，一粒种子、一群蜜蜂、一台机器、一个工厂、一个学会团体……都是系统，整个世界就是系统的集合。

系统论的基本思想方法告诉我们，当我们面对一个问题时，必须将问题当做一个系统，从整体出发看待问题，分析系统的内部关联，研究系统、要素、环境三者的相互关系和变动的规律性。

有一年，稻田里一片金黄，稻浪随风起伏，一派丰收景象。令人奇怪的是，就在这片稻浪中，有一块地的水稻稀稀落落，黄矮瘦小，与大片齐刷刷的稻田成了鲜明的对照。

这是怎么回事呢？原来田地的主人急用钱，于是在这块面积为 2.5 亩的田地上挖去一尺深的表土，卖给了砖瓦厂，得了 1 万元。由于表面熟土被挖，有机质含量锐减，这年春天的麦苗长得像锈钉，夏熟麦子收成每亩还不到 150 斤。水稻栽上后，尽管下足了基肥，施足了化肥，可是水稻长势仍不见好。

有人给他算了一笔账，夏熟麦子少收 1000 多斤，损失 400 元，而秋熟大减产已成定局，损失更大。今后即使加倍施用有机肥，要想使这块地恢复元气，至少需要 5 年时间，经济损失至少在 2 万元以上。这么一算，这块农田的主人叫苦不迭，后悔地说："早知道这样，当初真不应该赚这块良田的黑心钱。"

这位农地主人原本只是用土换钱，并没有看到表土与庄稼之间的关系，本以为是将无用的东西换成金钱，结果却让他失去更多，需要花费更多的钱来弥补自己的损失。这就是缺乏系统眼光和系统思维的结果。

与之相对比，“红崖天书”的破译却是得益于从整体上去把握事物。

所谓“红崖天书”，是位于贵州省安顺地区一处崖壁上的古代碑文：在长10米、高6米的岩石上，有一片用铁红色颜料书写的奇怪文字，字体大小不一，大者如人，小者如斗，非凿非刻，似篆非篆，神秘莫测。因此，当地的老百姓称之为“红崖天书”。近百年来，“红崖天书”引起了众多中外学者的研究兴趣，甚至有人推测这是外星人的杰作。据说，郭沫若等著名的学者也曾经尝试破译。但是一直没有定论。

直到上海江南造船集团的高级工程师林国恩发布了对“红崖天书”的全新诠释，学术界才一致认为，这一“千古之谜”终于揭开了它的神秘面纱。

那么，非科班出身的林国恩是如何破译这个“千古之谜”的呢？林国恩于1990年了解“红崖天书”以后，对它产生了浓厚的兴趣，从此把他的全部业余时间放到了破译工作上。他祖传三代中医，自幼即背诵古文，熟读四书五经。他于1965年考入上海交通大学学习造船专业，但是他业余时间钻研文史，学习绘画。由于他是造船工程师，系统学习对他有很深的影响，使他掌握了综合看待问题的方法，这为他破译“红崖天书”打下了坚实的基础。

在长达9年的研究中，他综合考察了各个因素，查阅了7部字典，把“红崖天书”中50多个字，从古到今的演变过程查得清清楚楚。在此基础上，他做了数万字的笔记，写下了几十万字的心得，还三次去贵州实地考察，为破译“红崖天书”积累了丰富的资料。

经过系统综合的考证，林国恩确认了清代瞿鸿锡摹本为真迹摹本；文字为汉字系统；全书应自右向左直排阅读；全书图文并茂，一字一图，局部如此，整体亦如此。从内容分析，“红崖天书”成书约在1406年，是明朝初年建文皇帝所颁发的一道讨伐燕王朱棣篡位的“伐燕诏檄”。全文直译为：燕反之心，迫朕逊国。叛逆残忍，金川门破。杀戮尸横，罄竹难书，大明日月无光，成囚杀之地。需降服燕魔，作阶下囚。

我们可以设想，如果不能将这些文字与其历史背景、文字结构、图像寓意结合起来，不能将它们作为一个整体去考察、去把握，恐怕“红崖天书”到现在也只是一个谜。

由此，我们可知：问题的内部不仅存在关联，与外部环境也同样产生作用。我们必须将其分开进行观察，然后再将其按照系统的模式来进行分析。

当你学会了系统思维，能够以一个整体的眼光去看问题的时候，相信你就可以更容易地把握和处理问题了。

对要素进行优化组合

系统思维法，就像将所面对的事物或问题作为一个整体加以分析，并且在系统运作过程中，要对要素进行优化组合，让适当的要素在最佳位置上发挥出最佳的作用，往往可以产生1+1>2的效果。

我国古代著名的“田忌赛马”的故事就是一个典型的例子。

孙膑是战国时期的著名军事家。齐国大臣田忌喜欢和公子王孙们打赌赛马，但总是输。于是，孙膑对田忌说：“您只管下重注，我包您一定能赢。”

赛马时，孙膑让田忌用自己的上等马跟别人的中等马比赛，用中等马与别人的下等马比赛，再用下等马对付别人的上等马。结果三场比赛，田忌胜了两场。

孙膑之所以能让田忌稳操胜券，在于他将整个赛马活动当成了一个系统来处理，而且他善于将系统要素进行优化组合。虽然以下等马和别人的上等马比，非输不可，但是另外的两场比赛，却是每场都赢。正是因为孙膑善于将系统要素进行优化组合，才能达到“反败为胜”的结局。

系统要素进行优化组合在生活的各个方面均有体现。如在农业中，农作物配合栽培方法即是其一。一块田地，什么时间应该种什么作物，玉米、大豆、棉花等不同的作物应该怎样搭配才能获得高产量？这就需要用系统思维来解决。

企业中的人对企业来说，是关乎企业成败的要素，人的分配问题也值得每一个企业深思。如果企业人员工作分配合理、人尽其才，将每个人发挥出的能量加合在一起，将会推动企业迅速地向前发展；但如果人员没有做到优化组合，不能让正确的人去做正确的事，那时，有能力的人因“英雄无用武之地”而离去，身居高位的无能者也不能够积极进取，最终，企业很有可能败落。

在系统思维中，各要素并不是割裂的独立个体，而是相互链接的一个整体，这些要素可以在最佳的协调机制下处于最理想的工作状态。

贝特茜和鲍里斯需要做三件家务：1. 用吸尘器打扫地板。他们只有一个吸尘器。这项活计需要 30 分钟。2. 用割草机修整草坪。他们只有一架割草机。这项活计也需要 30 分钟。3. 给婴儿喂食和洗澡。这项活计也需要 30 分钟。

贝特茜和鲍里斯如何合作，才能尽快做完家务？

如果不将各要素作为一个整体来进行优化组合的话，无论由谁单独完成两项任务，需要的时间都是 60 分钟。

然而，如果从系统优化组合的角度来思考，似乎还有更大的协同空间，诀窍是让贝特茜和鲍里斯两人在整个过程中都一直在工作，只要运用整体性思维对全过程进行优化组合，就会找出这一似乎不存在的空间：让贝特茜先用吸尘器完成一般的地板清扫任务（1 分钟），并让她自己单独完成照顾婴儿的任务（30 分钟）。同时，鲍里斯开始用割草机修整草坪（30 分钟），接着来清扫地板（15 分钟）——总时间为 45 分钟。

总之，系统思维要求人们用系统眼光从结构与功能的角度重新审视多样化的世界，把被形而上学分割了的世界重新整合，将单个元素和切片放在系统中实现“新的综合”，以实现“整体大于部分的简单总和”的效应。

学会将材料进行综合

系统思维从某种程度上讲是一种将材料进行综合的方法，要掌握系统思维法，就要学会如何综合材料，以达到创造的目的。

综合就是将已有的分析成果按其固有的内在联系有机结合起来，从总体上更全面、更深刻地把握研究对象的本质和规律，创立更普遍、更全面的科学理论。在自然科学发展的过程中，万有引力定律、能量守恒与转化定律以及麦克斯韦电磁理论的创立，都离不开这种综合能力。科学技术的发展由分析而进入到综合，并在综合成果的指导下进行更深入的分析，再步入更广泛的综合。

最常见的材料综合就是对信息材料的综合。将各种信息汇集到一起，也许会产生出人意料的结果。

20 世纪 30 年代，正当希特勒扩充军队，加紧准备发动第二次世界大战的关键时刻，英籍作家雅格布写的一本书出版了。在书中他详尽地介绍了希特勒军队各军区的情况。希特勒知道以后，暴跳如雷，立即命令将雅格布绑架到柏林。在审问中，雅格布说他的全部材料都是从德国公开的报纸上得来的。雅格布的回答使在场的德国人目瞪口呆，面面相觑。

雅格布究竟是怎样从报纸上得到了希特勒极其重要的军事秘密的呢？原来，他长期注意从德国报刊上搜集关于希特勒军事情况的报道，就连丧葬讣告和结婚启事之类的材料也不放过。日积月累，他把搜集的大量德军情报，做成卡片，然后，精心分析，认真综合，作出判断，终于描绘出一幅德军组织状况的图画。而这幅图画竟然与真实情况基本相符，对此，德军头目怎能不惊恐万分。

雅格布的这一工作就是把一些互不相关的材料综合在一起，创造出了新的东西——德军军事设置图。而他之所以能做到这点，就在于他处处做个有心人，处处留心德军军事情况。所以，要进行综合，就应注意做有心人，这样才能收集到有关的综合材料。

有时，我们还可以利用两种完全不相干的材料，将它们综合在一起，便可以产生令人耳目一新的创意。例如：有氧运动加上舞蹈，就成了有氧舞蹈；游泳加上芭蕾舞，就成了水上芭蕾。下面这个故事的主人公就是利用不同材料的综合，大做了一把广告。

纽约有位年轻人摩斯，在纽约市的一个热闹地区租了一家店铺，满怀希望地择了个吉日开始做起保险柜的买卖。然而生意惨淡，每天虽有成千上万的人从他店前来来去去，店里形形色色的保险柜虽然排得整整齐齐，但是却很少有人光顾。

看着店前川流不息的人群，摩斯思来想去，终于想出一个突破困境的办法。

第二天，他匆匆忙忙前往警察局借来正在被通缉中的重大罪犯的照片，并把照片放大好几倍，然后把它们贴在店铺的玻璃上，照片下面附上一张说明。

照片贴出来后，来来去去的行人都被照片吸引住了，纷纷驻足观看。人们看到了逃犯的照片，产生一种恐惧心理，本来不想买保险柜的人，此时也想买一台。因此他的生意立即有了很大的改观，门可罗雀的店铺突然门庭若市。就这样不费吹灰之力，保险柜头一个月卖出 48 台，第二个月卖出 72 台，以后每月都卖出七八十台。

不仅如此，因为他贴出了逃犯的照片，使警察顺利地缉拿到了案犯，因此，摩斯还荣幸地领到了警察局的表彰奖状，报纸也作了大量的报道。他也毫不客气地把表彰奖状连同报纸一并贴在店铺的玻璃窗上，由此锦上添花，他的生意更加红火。

我们学习系统思维的同时也是在培养一种能力，培养对材料的辨认能力和对有效材料的综合能力。在观察事物时，就要有一种整体的视角，找出各要素的关联点，并将其进行整合。

方法综合：以人之长补己之短

1764 年哈格里夫斯发明的珍妮纺纱机，由 1 个纺锤改为 80 个纺锤，大大提高了纺纱的效率。纺出来的纱虽然均匀，但不结实。1768 年阿克顿特发明了水力纺纱机，效率提高了，纺出来的线也结实了，但纺出来的线很不均匀。1779 年青年工人克隆普敦把哈格里夫斯和阿克顿特两个纺车的技术长处，加以综合，设计出一个纺线既结实又均匀的纺纱机，有三四百支纱锭，效率也提高了。为了纪念两种纺车的结合，就命名为杂种骡子的名称，叫骡机。马克思对此评价很高："现代工业中一个最重大的发明——自动骡机。"推动了英国的纺织技术革命。

像这样各自去掉自己的短处，吸取别人的长处的思维方式，就是系统思维法中的方法综合。

日本广岛的家畜繁殖名誉教授渡边守之和中国台湾地区的学者一起成功地培育出比普通鸭重两倍而肉味鲜美的新型大鸭种。他们是怎样培育的呢？它们是北京鸭和南美的麝香鸭交配而成的。

他们分析北京鸭的特点是：体重轻、肉味鲜美。

麝香鸭的特点是：体重重，有四五公斤，但有一种怪味。

特点分析出来以后，就取长补短，经过多次试验，终于培育出一种新型骡鸭：体格健壮、生长迅速、肉味鲜美，公、母鸭体重均在 4 公斤左右，却没有繁殖力的鸭子。

以上说明，只有将两种或多种事物的要素进行系统、深入地分析，找到各自的优点和缺点，才能做到方法综合。

爱迪生发明的电影窥视箱是一种只能让一个人观看的活动电影箱，但其影像的大小和位置一致。法国路易斯·卢米埃尔发明的电影放映机能让许多人同时观看，但影像的大小和位置不一致。后来，爱迪生看到卢米埃尔的电影放映机的长处，就把个人观看的窥箱机改为大众观看的放映机。反之，卢米埃尔也吸取了爱迪生窥视箱胶片的特点，采用爱迪生每秒 16 张画的放映频率，35 毫米宽的胶片，在胶片两边每格画幅打四个矩形齿孔，使胶片能在齿轮带动下均匀地通过机器，映出大小和位置一致的影像，这比卢米埃尔原来的画格两边只有一对圆形片孔的间歇式抓片机构要稳定得多。由于他们相互取长补短，使现代化电影工艺趋向统一，无声电影便诞生了。

综合方法要求我们在观察事物时不能孤立地看待一个个体，见“木”更要见“林”，努力从其他事物中寻找该事物不具备的优点，积极地将两者进行整合，扬长避短，从而达到最终的创造作用。

确定计划后再付诸行动

制订计划是系统思维的一种体现，如果没有对事情全局上的一种把握与规划，那么你的结局大半会是失败。

如果你不再是拥有整整二十几年的时间，而是只有二十几次机会了，那你打算如何利用剩下的这二十几次机会，让它们变得更有价值呢?

你是去听音乐会，或是和家人坐在一起，或是去度假，还是什么安排都可以?许多人心里都没有一个完整的计划，然而，没有计划本身就是一种失败的计划——你正在计划着自己的失败。没有人愿意失败，却在不自觉地把自己推向失败之路。

你并不能保证做对每一件事情，但是你永远有办法去做对最重要的事情，计划就是一个排列优先顺序的办法。成功人士都善于规划他们自己的人生，他们知道自己要实现哪些目标，并且拟订一个详细的计划，把所有要做的事按照优先顺序排列，并按这一顺序来做。当然，有的时候没有办法100％地按照计划进行。但是，有了计划，便给人提供了做事的优先顺序，让他可以在固定的时间内，完成需要做的事情。

马克·吐温说过："行动的秘诀，在于把那些庞杂或棘手的任务，分割成一个个简单的小任务，然后从第一个开始下手。"

计划是为了提供一个整体的行动指南，从确立可行的目标，拟订计划并执行，最后确认出你达到目标之后所能得到的回报。你应该是在未做好第一件事之前，从不考虑去做第二件事，凡事要有计划，有了计划再行动，成功的几率会大幅度提升。

生命图案就是由每一天拼凑而成的，从这样一个角度来看待每一天的生活，在它来临之际，或是在前一天晚上，把自己即将如何度过这一天的情形在头脑中浏览一遍，然后再迎接这一天的到来。有了一天的计划，就能将一个人的注意力集中在"现在"。只要将注意力集中在"现在"，那么未来的大目标就会更加清晰，因为未来是被"现在"创造出来的。接受"现在"并打算未来，未来就是在目标的指导下最终创造出来的东西。

这就像盖房子一样。如果有人问你："你准备什么时候动工，开始盖一栋你想要的房子?"当你在头脑中已经勾勒出整个工程的时候，你就可以开始破土动工了。如果你还没有完成对它的规划和勾勒就草率行事，则是非常愚蠢的举动。

假设你刚刚开始砌砖，有人走上前来说："你在盖什么呢?"你回答说："我还没想好。我先把砖铺起来，看看最后能盖出个什么来。"人家会把你看成傻瓜。一个人只要做出一天的计划、一个月的计划，并坚持原则、按计划行事，那么在时间利用上，他已经开始占据了自己都无法想象的优势。

不论是学习、工作，还是生活，我们都要重视从整体上把握事情的进展，如果今天没有为明天做好计划，那么明天将无法拥有任何成果！

第十章　类比思维——比较是发现伟大的源泉

类比思维法的应用

类比思维法就是根据两个对象在一系列属性上的相同或相似，由其中一个对象具有某种其他属性，推测另一个对象也具有这种其他属性的思维方法。它具有多种表现形式，我们常用的为直接类比法、间接类比法、形状类比法、功能类比法等。由这种方法所得出的结论，虽然不一定很可靠、精确，但富有创造性，往往能将人们带入完全陌生的领域，给予许多启发。

类比思维在创新和解决问题时，具有很大的指引作用，得到了思想家、科学家们的高度评价。

天文学家开普勒说："类比是我最可靠的老师。"

哲学家康德说："每当理智缺乏可靠论证的思路时，类比这个方法往往能指引我们前进。"

现代社会，随着日常创造的增加，类比的作用尤其得到重视。如日本学者大鹿让认为："创造联想的心理机制首先是类比……即使人们已经了解到了创造的心理过程，也不可从外面进入类似的心理状态……因此，为了给创造活动创造一个良好的心理状态，得采用一个特殊的方法，就是使用类比。"

瑞士著名的科学家阿·皮卡尔就运用类比法发明创造了世界上第一只自由行动的深潜器。

皮卡尔是位研究大气平流层的专家，他设计的平流层气球，曾飞到过 1.569 万米的高空。后来他又把兴趣转到了海洋，研究海洋深潜器。尽管海和天完全不同，但水和空气都是流体，因此，皮卡尔在研究海洋深潜器时，首先就想到利用平流层气球的原理来改进深潜器。

在这以前的深潜器，既不能自行浮出水面，又不能在海底自由行动，而且还要靠钢缆吊入水中。这样，潜水深度将受钢缆强度的限制，钢缆越长，自身重量就越大，也就容易断裂，所以过去的深潜器一直无法突破2000米大关。

皮卡尔由平流层气球联想到海洋深潜器。平流层气球由两部分组成：充满比空气轻的气体的气球和吊在气球下面的载人舱。利用气球的浮力，使载人舱升上高空，如果在深潜器上加一只浮筒，不也就像一只“气球”一样可以在海水中自行上浮了吗？

皮卡尔和他的儿子小皮卡尔设计了一只由钢制潜水球和外形像船一样的浮筒组成的深潜器，在浮筒中充满比海水轻的汽油，为深潜器增加浮力，同时，又在潜水球中放入铁砂作为压舱物，使深潜器沉入海底。如果深潜器要浮上来，只要将压舱的铁砂抛入海中，就可借助浮筒的浮力升至海上。再配上动力，深潜器就可以在任何深度的海洋中自由行动。这样就不需要拖上一根钢缆了。第一次试验，就下潜到1380米深的海底，后来又下潜到4042米深的海底。皮卡尔父子设计的另一艘深潜器理雅斯特号下潜到世界上最深的洋底——1.09168万米，成为世界上潜得最深的深潜器，皮卡尔父子也因此获得了“上天入海的科学家”的美名。

类比思维法在运用时就要寻找事物的相似点，并且要对“相似性”保持敏感，以达到触类旁通的目的。

医生常用的听诊器的发明就源于类比思维的运用。

一个星期天，法国著名医生雷内克瓦带着女儿到公园玩。女儿要求爸爸跟她玩跷跷板，他答应了。玩了一会儿，医生觉得有点累，就将半边脸贴在跷跷板的一端，假装睡着了。女儿见父亲的样子，觉得十分开心。突然，医生听到一声清脆的响声。睁眼一看，原来是女儿用小木棒在敲跷跷板的另一端。这一现象，立即使医生联想到自己在诊察中遇到的一个问题：当时医生听诊，采用的方式是将耳朵直接贴在患者有病部位，既不方便也不科学。医生想：既然敲跷跷板的一端，另一端就能清晰听到，那么，是不是也可以通过某样东西，使病人身体某个部位的声响让医生能够清楚地听见呢？

雷内克瓦用硬纸卷了一个长喇叭筒，大的一头靠在病人胸口，小的一端塞在自己耳朵里，结果听到的心音十分清楚。世界上的第一个听诊器就这样产生了。后来，他又用木料代替了硬纸做成了单耳式的木制听诊器，后人又在此基础上研制了现代广泛应用的双耳听诊器。

类比思维法是解决问题的一种常用策略，它教我们运用已有的知识、经验将陌生的、不熟悉的问题与已经解决的熟悉问题或其他相似事物进行类比，从而解决问题。

直接类比：寻找直接相似点

直接类比是从自然界或者从已有的发明成果中，寻找与发明对象相类似的东西，通过直接类比，创造新的事物。

如谷物的扬场机是直接类比人工扬场方式而得来的，医学上用于叩击病人的胸、腹部来诊断是否有腹水的“叩诊法”，是直接类比酒店里的叩击酒桶发出的声音来判断量的多少而得来的。

运用直接类比法进行的发明创造还有：

例如：

鱼骨——→针

茅草边——→齿锯

鸟——→飞机

照相照出照片——→电影

鱼——→潜水艇

蛋——→薄壳仿蛋屋顶

树叶的结构——→伞

梳子垫在剪子下剪头发——→安全剃须刀

生活中，人们可以使自己有意识地进行类比，当要创造某一事物而又思路枯竭的时候，就可通过类比法，从自然界或人工物品中，直接寻找与创造对象、目的类似的对应物，这样便可以避免凭空想象的缺点。

美国有个叫杰福斯的牧童，他的工作是每天把羊群赶到牧场，并监管羊群不越过牧场的铁丝栅栏到相邻的菜园里吃菜就行了。

有一天，小杰福斯在牧场上不知不觉地睡着了，不知过了多久，他被一阵怒骂声惊醒了。只见老板怒目圆睁，大声吼道："你这个没用的东西，菜园被羊群搅得一塌糊涂，你还在这里睡大觉！"

小杰福斯吓得面如土色，不敢回话。

这件事发生后，机灵的小杰福斯就想，怎样才能使羊群不再越过铁丝栅栏呢？他发现，那片有玫瑰花的地方，并没有更牢固的栅栏，但羊群从不过去，因为羊群怕玫瑰花的刺。"有了，"小杰福斯高兴地跳了起来，"如果在铁丝上加上一些刺，就可以挡住羊群了。"

于是，他先将铁丝剪成5厘米左右的小段，然后把它结在铁丝上当刺。结好之后，他再放羊的时候，发现羊群起初也试图越过铁丝栅栏去菜园，但每次被刺疼后，都惊恐地缩了回来，被多次刺疼之后，羊群再也不敢越过铁丝栅栏了。

小杰福斯成功了。

半年后，他申请了这项专利，并获批准。后来，这种带刺的铁丝栅栏便风行世界。

直接类比法是类比思维中最常运用的一种方法，也是一种比较简单的方法，但起到的创造性作用却是很大的，在各个领域均有应用。

间接类比：非同类事物间接对比

间接类比法就是用非同一类产品类比产生创造。在现实生活中，有些创造缺乏可以比较的同类对象，这就可以运用间接类比法。

如空气中存在的负离子，可以使人延年益寿、消除疲劳，还可辅助治疗哮喘、支气管炎、高血压、心血管病等，但负离子只有在高山、森林、海滩湖畔处较多。后来通过间接类比法，创造了水冲击法产生负离子，后吸取冲击原理，又成功创造了电子冲击法，这就是现在市场上销售的空气负离子发生器。

间接类比法在生活中也常常能激发出许多创造性的想法。

斐塞司博士有一天在午饭后坐在门前晒太阳，看见一只猫在阳光下安详地打着盹，很是悠闲。

时间一分一分地流走，每隔一段时间，猫都会随着阳光的转移而不停地变换睡觉的场地。这一切在我们看来是那样的司空见惯，可是却唤起了斐塞司博士的好奇。

猫为什么喜欢待在阳光下呢？

猫喜欢待在阳光下，那么这说明光和热对它一定是有益的。那对人呢？对人是不是也同样有益？这个想法在斐塞司的脑子里闪了一下。

这个一闪而过的想法，成为闻名世界的“日光疗法”的触发点。之后不久，日光疗法便在世界上诞生了。斐塞司博士因此获得了诺贝尔医学奖。

如果我们家的院里也有这么一只睡懒觉的猫，我们也看到它一次次地趋近阳光，我们是不是能像斐塞司博士那样去想问题呢？

猫趋近阳光，是因为晒太阳对它的身体有益。那太阳对人的身体是否有益呢？正是这样的想法，从猫想到人，才有了今日的“日光疗法”。

间接类比法通常并不是首先明确创造的目的，而是首先发现了某事物具有很值得借鉴的特点，然后再去寻找有什么东西可以与之对应并进行创造。

走路时不小心踩到香蕉皮上，很容易滑倒。这是很多人司空见惯的一种现象。20 世纪 60 年代，一位美国学者却对这一现象产生了浓厚兴趣。他通过显微镜观察，发现香蕉皮是由几百个薄层构成，层与层之间很容易产生滑动。他突然想到：如果能找到与香蕉皮相似的物质，则能作为很好的润滑剂。最后，他发现二硫化钼与香蕉皮的结构十分类似。经过再三实验，一种性能优良的润滑剂被制造出来了。

采用间接类比法，可以扩大类比范围，使许多非同一性、非同类的行业，也可由此得到启发，开拓新的领域。

形状类比：根据形状进行创造

形状类比往往是由某一原型的外形结构而类推出与此结构、形象相仿的创造物。

模仿昆虫复眼结构，用许多小的光学透镜有规则地排列起来制成了光学元件——复眼透镜。用它做镜头制成的“复眼照相机”，一次能照出千百张相同的照片。

1903 年，莱特兄弟制造出了飞机，但他们不知道怎样使飞机在空中拐弯时保持平稳。于是他们想到：这种现象在鸟儿那里是怎样处理的呢？于是他们仔细观察了老鹰的飞行，发现老鹰在转弯时，其羽翼可以弯折。这一下就找到了问题的症结点。他们仿照老鹰的羽翼，制造了后面可以弯折的机翼，这就是现代飞机襟翼的原型。

形状类比不但大量运用于仿生学，在其他领域也发挥着重要的作用。如果你在家仔细观察过可口可乐瓶子，是否觉得它的形状很像一位小女孩穿裙子的形象？那么，它是怎样诞生的呢？

美国有一位叫鲁托的制瓶工人，有一天他与女友约会，看到女友穿的裙子十分优雅。突然，鲁托灵感一闪，想到了一个好的设计：裙子因为膝盖上部分较窄，使腰部显得有吸引力，如果把玻璃瓶设计成女友的裙子那样，一定也会大受欢迎的。他经过反复试验和改进，最后制造出这样一种瓶子：握上瓶颈时，没有滑落的感觉；瓶内所装的液体，看起来比实际的分量多，而且外观别致优美。

鲁托设计的玻璃瓶被可口可乐公司看中了，最后公司以 600 万美元买下鲁托这项设计的专利。鲁托这位普通工人因善于发现，很快成为百万富翁。而可口可乐公司自从 1923 年买下这项专利后，至今仍使用这种玻璃瓶，这有力地促进了可口可乐的销售。

无独有偶，吉列刀片的创造源于耕地用的耙子的形状类比。

“掌握全世界男人的胡子”的吉列剃须刀公司的创始人金·吉列曾是一家小公司的推销员。一天早上，吉列刮胡子时，由于刀磨得不好，刮得很费劲，脸被划了几道口子。懊丧之余，吉列盯着剃须刀，产生了创造新型剃须刀的念头。于是他对周围的男性进行了调查，发现他们都希望有一种新型的剃须刀，他们的基本要求包括安全、保险、使用方便、刀片随时可换等。这样，吉列就开始了他开发剃须刀的行动。

这种新型剃须刀该是什么样的呢？吉列苦思冥想。

由于没能冲破传统习惯的束缚，新发明的基本构造总是脱不掉老式长把剃须刀的局限，怎么办呢？吉列绞尽脑汁，还是一时不得要领。

一天，他望着一片刚收割完的田地，看到一位农民正轻松自如地挥动着耙子修整田地，一个新思路出现在吉列的脑海里，他心想，对！新剃须刀的基本构造，就应该同这耙子一样，简单、方便、运用自如。

运用形状类比法，需要我们在生活中仔细观察事物的形状结构，将其构造与我们的研究对象相结合，创造出与原有事物形状相似的物品。当然，这也需要我们具有敏锐的视角，不放过任何一个可以用来效仿的对象。

功能类比：依据相似的功能进行类比

功能类比是根据人们的某种愿望或需要类比某种自然物或人工物的功能，提出创造具有近似功能的新装置的发明方案，例如各种机械等。

长颈鹿的脖子很长，从大脑到心脏有 3 米之遥。因此它的血压很高，非如此不能将心脏的血“压”上 3 米高的脑部，以保证大脑不致缺血。

但是，当长颈鹿低头喝水时，心“高”头“低”，心脏的血会猛烈冲击脑部，此时，长颈鹿却安然无恙。

原来，长颈鹿身上裹着一层厚皮。当它低头喝水时，厚皮自动收缩，箍住血管，从而限制了血液的流速，缓解了脑血管的压力。

科学家模拟长颈鹿的皮肤原理，制成“抗荷服”，用于保护飞行员。当飞机加速时，“抗荷服”可以自动压缩空气、压迫血管，从而限制飞行员的血液流速，防止其“脑失血”。

此种方法应用范围比较广，而且不只是科学专家的专利，是每一个人都能够运用的。

我国某机械厂工人廖基程在厂里劳动时看到，大部分精密零件的加工都需要用手操作。为了防止零件生锈，工人必须整天戴手套，而且手套还必须套得很紧，手指头才能灵活弯曲。这样，不但戴上、脱下相当麻烦，手套还很容易弄坏。他常想：难道只能戴这样的手套吗？能不能想个办法改进一下呢？有一天，他在帮助妹妹做纸手工艺品时，手指上沾满了糨糊。糨糊很快干了，变成了一层透明的薄膜，紧紧地裹在手指上。他当时就想："真像个指头套，要是厂里的橡皮手套也这么方便就好了！"后来他又想起，小时候曾在雨后的泥泞路上行走，不小心滑倒了，双手沾满了泥污，干了后也像戴了泥手套似的。

过了不久，有一天清早醒来，他躺在床上，眼睛望着天花板，头脑里突然想到：可以设法把手浸在一种像糨糊一样的液体里，干了以后就让手上沾的液体成为手套。不需要它时，手浸在另外一种液体里，泡一下就让它褪掉。这不比戴橡皮手套方便得多吗？他将自己的这一设想向公司汇报后，公司成立了一个研究小组，廖基程也从生产车间调到了这个组里。经过反复研究、试制，终于发明了"液体手套"。使用这种手套，只需将手浸入一种化学药液中，就能在手上覆盖一层透明的薄膜，像真的戴上了手套一样，而且它比戴任何一种手套都更柔软、更舒适、更富有弹性。不需要它时，把手放进水里泡一下，就能完全化掉。

与此相类似，一位技术人员利用功能类比创造了使油漆易脱落的方法。

如何才能比较容易地清除掉旧家具或墙壁上的油漆？这曾经是一个不容易解决的难题。一次，一家化学公司的技术人员在一起讨论这个问题，大家查文献、找资料，先后提出了许多办法，结果或者不恰当，或者行不通。有个工程师想了一会儿，一下子思想"开小差""走了神"，回忆起儿时的情景，他想到了小时候同小伙伴一起放鞭炮，导火绳一点燃，噼里啪啦地响上一阵，裹在鞭炮上的纸被炸得"四处飞舞""片甲不留"。这时，他头脑里突然冒出一个想法：是不是也可以在油漆里放点炸药，当需要油漆脱落的时候把油漆炸掉呢？他把这个想法在会上提了出来。大家听后都笑了，这不明明是小孩子天真幼稚的想法吗？这位工程师并没因为受到大家的讥笑便马上放弃自己的想法。后来他沿着这条思路不断地探索、不断地试验，终于发明了一种可以加进油漆中的添加剂。把这种添加剂加在油漆里以后，不会引起油漆发生质的根本变化，可是当它接触到另一种添加剂时，便会马上起作用，使油漆从家具或墙壁上掉落得干干净净。

放鞭炮和除油漆从表面上看是风马牛不相及的事情，但只要仔细思考，就会发现鞭炮与添加剂的功能是相通的，只要添加剂找得恰当，就能够达到预期的效果。

功能类比与其他类比方式相比，为我们的思考方式打开了另一扇门，而且，随着控制论、信息论等现代科学技术的出现，功能类比法会得到更大的发展。正如控制论发明人维纳所言："把生命机体与机器做类比的工作，可能是当代最伟大的贡献。"

警惕类比陷阱

在类比思维方法中，因为类比推理的客观依据是对象之间的同一性和对象之间的相关性，因此同一性和相关性是高还是低，必然会影响推论的可靠性程度。如果对象之间的共同属性是主要的、本质的，对象属性之间的相关性是必然的，那么，推论就是可靠的；反之，如果对象之间的共同属性是次要的，对象属性之间的相关性是偶然的，那么，所得推论就不一定可靠。这说明，类比法和其他思维方法一样，也有它的局限性，主要表现在下面两个方面：

1. 注重相同性，忽略了相异性。而实际上，重视事物的相异性也是创造性的突出特征，绝对不可偏废。假如只重视这种相同性，往往会导致成功的可能性和可靠性较弱，有时还会把人引入迷途。

2. 类比具有想象成分，容易由“不完全相似”特征推出荒谬的结果。如下列的类比：

地球：星星，位于太阳系，有壳，会公转和自转，有生物。

月球：星星，位于太阳系，有壳，会自转和公转。

所以，月球上也是有生命的。

这就有明显的错误，属于机械类比的表现。

类比陷阱可以说是无处不在的，如果稍有考虑不全面，即会陷入其中，科学界就曾出现过类似的错误判断。

20 世纪，人们根据火星与地球的许多相似之处，因而得出火星有生命存在的结论，这已被近年来空间探测结果所否定。又如，1846 年有人根据行星摄动理论发现了海王星，解决了天王星的轨道和理论计算不符的矛盾。但在当时，水星轨道也与理论计算不符，于是有人就用类比法，假设水星与太阳之间还有一颗星——火神星，并用理论计算了这颗星的轨道。这以后，许多人探索了几十年，仍然不见这颗星的踪迹。直到爱因斯坦广义相对论的发表，才把谜底揭开。原来并无此星，水星轨道的极摄动是引力波所引起的，从而否定了这“错误结论”。

为了避免落入类比陷阱，增加类比的可靠性，就得特别注意如下几点：

1. 尽可能增加类比项。两个和两类对象之间所共有或共缺的属性类比项越多，可靠性越大。

2. 类比中的共有或共缺属性应该是本质属性。

3. 类比对象的共有或共缺属性与所要类比的属性之间应该有本质和必然的联系。

第十一章　联想思维——风马牛有时也相及

举一反三的联想思维

相传古时有一位皇帝曾以“深山藏古寺”为题，招集天下画匠作画。最后选了3幅画。第一幅画在万木丛中显露出古寺一角，第二幅画在景色秀丽的半山腰伸出了一根幡，第三幅画只见一个老和尚从山下溪边挑水，沿着山路缓缓而上，而远处只见一片山林，根本无从寻觅寺庙踪迹。

皇帝找大臣合议后最终选了第三幅画。为什么要选第三幅画呢？因为“深山藏古寺”的画题虽然看似简单，但包含一个“深”和一个“藏”字，这就需要画家去思考，如何将这两个意思体现出来。第一幅画太露，“万木丛中显露出古寺一角”，体现不出“深”“藏”的意思；第二幅似乎好一些，但一根幡仍然点明此处是一座庙宇，只不过给树丛包围，一下子看不到其全貌而已，仍然达不到“深”“藏”的要求；第三幅画，以老和尚挑水，体现老和尚来自“古寺”，而老和尚所要归去之处，即寺庙“只在此山中，云深不知处”，足以见此“古寺”藏在深山中。看到此画的人莫不惊叹作者巧妙的构思和奇特的想象，而这幅画也当之无愧地独占鳌头。

这个故事能给我们思想上带来什么启发呢？最大的启发是第三幅画的作者在构思这幅画时运用了丰富的联想，使人从“和尚”自然联想到“寺庙”，从“老和尚”再进一步联想到这座寺庙年代已经很久远了，是座“古寺”，从老和尚挑水沿着山路缓缓而上，而远处只见一片山林不见寺庙，联想到这座“古寺”被深深地藏在山中。

正因为该画的作者运用了意味无穷的联想思维，才使见到此画的人为其巧妙的构思和画的意境所折服。

那么，什么是联想思维呢?

联想思维是指人们在头脑中将一种事物的形象与另一种事物的形象联系起来，探索它们之间共同的或类似的规律，从而解决问题的思维方法。它的主要表现形式有连锁联想法、相似联想法、相关联想法、对比联想法、即时联想法等。

联想的妙处就在于使我们可以从一而知三。运用联想思维，由“速度”这个概念，我们的头脑中会闪现出呼啸而过的飞机、奔驰的列车、自由落体的重物等。

联想是心理活动的基本形式之一。联想与一般的自由想象不同，它是由表象概念之间的联系而达到想象的。因此，联想的过程有逻辑的必然性。

相传古时有人经营了一家旅馆，由于经营不善濒临倒闭。正好碰上阿凡提经过这里，就向旅馆老板献策：将旅馆周围进行重新装饰。到了夏日，将墙面涂成绿色；到了冬日，再将墙面饰成粉红色。旅馆老板按阿凡提所说的做了之后，果然很是吸引顾客，生意渐渐兴隆起来。其中的奥秘在哪儿呢?

原来，阿凡提运用的是人们的联想思维。让一种感觉引起另一种感觉。这种心理现象实际上是感觉相互作用的结果。

上述事例就是通过改变颜色，使不同颜色产生不同的心理效果，从而起到吸引顾客。一般认为绿色、青色和蓝色等颜色能使人联想到蓝天和大海，使人产生清凉的感觉，这些颜色称为冷色；而红色、橙色和黄色等颜色能使人联想到阳光和火焰而产生温暖的感觉，这些颜色称为暖色。

联想是创意产生的基础，在创意设计中起催化剂和导火索的作用，联想越广阔、越丰富，就越富有创造能力。许多的发明创造就是在联想思维的作用下产生的。

春秋时期有一位能工巧匠鲁班，有一次他上山伐木时，手被路旁的一株野草划破，鲜血直流。

为什么野草能划破皮肉呢？他仔细观察了那株野草之后，发现其叶片的两边长有许多小细齿。他想，如果用铁条做成带小齿的工具，是否也可将树划破呢？

依着这个思路往下走，锯子被发明出来了。

鲁班由草叶上的小细齿联想到砍伐工具，为建筑工程提供了便利。无独有偶，小提琴的产生也源于一个人的联想思维。

1000多年前，埃及有位音乐家名叫莫可里，一个盛夏的早晨，他在尼罗河边悠闲地散步。偶然间，他的脚踢到一个什么东西，发出一声悦耳的声响。他拾起来一看，原来是一个乌龟壳。莫可里拿着乌龟壳兴冲冲地回到家里，再三端详，反复思索，不断试验，终于根据龟壳内的空气振动而发声的原理，制出了世界上第一把小提琴。莫可里从乌龟壳发出的声音中联想到了乐器，正是由于联想思维的运用，从而造就了当今世界上让无数人为之陶醉与享受的西洋著名乐器。

如果不运用联想思维，是很难从草叶、乌龟壳产生灵感创造出锯子和小提琴的。但是，联想思维能力不是天生的，它需要以知识、生活经验和工作经验为基础。基础打好了，就能“厚积而薄发”，联想也随之“思如泉涌”。

展开锁链般的连锁联想

有一种说法：“如果大风吹起来，木桶店就会赚钱。”

这两者是怎么联想起来的呢？

原来它经历了下面的思维过程：当大风吹起来的时候，沙石就会满天飞舞，这会导致盲的增加，从而弹琵琶的乐师也会增多，越来越多的人会以猫的毛代替琵琶弦，因而猫会减少，结果老鼠的数量就会大大增加。由于老鼠会咬破木桶，所以做木桶的店就会赚钱了。

上面的每段联想都十分合理，而获得的结论却大大出乎人们的意料。

由风想到沙石，又联想到“致瞎”，再联想到“琵琶乐师”，之后联想到“猫毛”，再联想到“老鼠猖獗”，联想到“老鼠咬破木桶”，最后联想到“木桶店赚钱”。这样一环紧扣一环，如一条连接着许多环节的锁链般的联想，我们称之为“连锁联想”。

连锁联想法在生活中有许多应用实例，“天厨味精”的命名过程就体现了这种方法的智慧。

吴蕴初，江苏嘉定人，是我国著名的“味精大王”。当年，在为其出产的味精命名时，他颇费了一番脑筋。

在此之前，中国不能生产“味精”，占领中国市场的是日本的“味之素”。吴蕴初不想用这个名，那又取个什么名字好呢？

人们把最香的东西叫香精，把最甜的东西叫糖精，那把味道最鲜的东西就叫味精吧。他接着又想，生产的味精该叫什么牌子呢？他由味精是植物蛋白质制成的，是素的东西，联想到吃素的人；由吃素的人，联想到他们一般都信佛；住在天上，为佛制作珍奇美味的厨师自然是最好的，于是他决定将他的味精取名为“天厨味精”。

天厨牌味精问世后，通过声势浩大的广告宣传，以及后来正好适应国人抵制日货的反日情绪，“完全国货”的天厨味精，不久便打开了国内市场。

天厨味精由此声名鹊起。

发明创造也是一个链条，运用“连锁联想”取得的发明成果也是一串一串的。从中我们也可以看到联想的方法和诀窍。

1493 年，哥伦布在美洲的海地岛发现当地儿童都喜欢把天然生橡胶像捏泥丸一样捏成一团，捏成弹力球。哥伦布将这种树木引入了欧洲。但是，这种生橡胶的性能不太好，受热易变形、发黏，受冷又易发脆。因此，它的功能受到了局限。后来美国的一个发明家在橡胶里加入了硫黄，这使橡胶的熔点、牢固度大大提高，后来又有人在橡胶中加入了炭黑，使之更加耐磨，橡胶的用途也日益增加。

苏格兰有一家用橡胶生产橡皮擦的工厂。一天，一个名叫马辛托斯的工人端起一大盆橡胶汁往模型里倒，一不小心，脚被绊了一下，橡胶汁淌了出来，浇到了马辛托斯的衣服上，下班后，马辛托斯穿着这件被橡胶汁涂满了一大块的衣服回家，正巧路上遇到了大雨。回家换衣服时，马辛托斯惊奇地发现，被橡胶汁浇过的地方，竟没有渗入半点雨水。善于联想的马辛托斯立即想到，如果把衣服全部浇上橡胶汁，那不就变成了一件防雨衣吗？雨衣也就应运而生了。

天然橡胶产量有限，人们又通过对橡胶成分的研究，生产出了各种各样的合成橡胶。这种橡胶为高分子合成，它具有耐腐耐磨、耐高温、耐氧化等特点，通过人们不断努力，橡胶终于从孩子手中的弹力球发展成一种具有广泛用途的高分子材料。目前，全球橡胶制品在 5 万种以上，一个国家的橡胶消耗量和生产水平，成了衡量国民经济发展特别是化工技术水平的重要指标之一。

由弹力球到雨衣，再到车轮胎、鞋等，人们的联想一环套一环，犹如步步登高，把人们引入更高的创造境界，这就是连锁联想法的奇妙之处。

千变万化的客观事物，正是由于组成了环环紧扣的彼此制约牵制的锁链，才使世界保持了相对的平衡与和谐。这也是我们进行连锁联想的一个前提依据。恰当地应用这种方法，相信会有越来越多的创造性事物产生。

根据事物相似性进行联想

“相似联想”思维法指根据事物之间的形式、结构、性质、作用等某一方面或几方面的相似之处进行联想，将两种不同事物间某些相似的特征进行比较。格顿伯格看到榨汁机时，想到了印刷机；叉式升降机的发明者，是从炸面饼圈机那儿得到启发的。他们都运用了类比的方法。运用这个方法的具体做法是：看看它像什么或它让你想起了什么；还可以提出更具体的问题，如“它听上去像什么?”“它的味道像什么?”“它给人的感觉怎样?”“它的功能像什么?”。

正如俄罗斯生理学家马格里奇所言：“独创性常常在于发现两个或两个以上研究对象或设想之间的联系或相似之处，而原来的这些对象或设想彼此没有关系。”

这种方法在科研创造领域有着较为广泛的应用。

航天飞机、宇宙飞船、人造卫星等太空飞行器要进入太空持续飞行，就必须摆脱地心引力，这就要求运载它的火箭必须提供强大无比的能量。同时，太空飞行器自身重量越轻，就越能减轻运载火箭的负担，也就能使太空飞行器飞得更高、更远。

因此，为了减轻太空飞行器的重量，科学家们绞尽脑汁，与太空飞行器“斤斤计较”。可是减轻太空飞行器重量，还要考虑到能不能降低其容量和强度。要达到上述目的相当困难。科学家们尝试了许多办法都无济于事。最后还是蜜蜂的蜂窝结构让科学家们解决了这个难题。

大家知道，蜂窝是由一些一个挨一个，排列得整整齐齐的六角形小蜂房组成的。18 世纪初，法国学者马拉尔琪测量到蜂窝的几个角都是有一定规律的：钝角等于 109°28′，锐角为 70°32′。后来经过法国物理学家列奥缪拉、瑞士数学家克尼格、苏格兰数学家马克洛林先后多次的精确计算，得出一个结论：要消耗最少的材料，而制成最大的菱形容器，它的角度应该是109°28′和70°32′，也就是说，蜜蜂蜂窝结构是容积最大且最节省材料的。

但从正面观察蜂窝，它是由一些正六边形组成的，既然如此，那每一个角都应是120°，怎么会有109°28′和70°32′呢？这是因为蜂窝不是六棱柱，而是底部由3个菱形拼成尖顶构成的“尖顶六棱柱”。我国数学家华罗庚准确指出：在蜜蜂身长，腰围确定的情况下，尖顶六棱柱的蜂房用料最省。

上述蜂房结构不正是太空飞行器结构所要求的吗？于是，在太空飞行器中采用了蜂房结构，先用金属制造成蜂窝，然后，再加上两块金属结构。这种结构的太空飞行器容量大、强度高，且大大减轻了自重，也不易传导声音和热量。因此，今天我们见到的航天飞机、宇宙飞船、人造卫星都采用了这种蜂房结构。勤劳的蜜蜂们也许不会想到，它们的杰出构思被人类借鉴应用，使人类飞上了太空。

以上蜂房结构的应用是一个典型的相似联想的例子。运用相似联想法的一个关键点就是寻找事物之间的共同点、相似点。世界上没有两片完全相同的树叶，同样，世界上也没有两片完全不同的树叶。任何两种事物或者观念之间，都有或多或少的相似点。一旦在思维中抓住了相似点，便能够把千差万别的事物联系起来思考，从而产生新创意。

一位公司职员对刀特别感兴趣，他一直想发明一种价格低廉而又能永保锋利的刀具。他的设想非常好，但要想把它变成现实却并不容易。每次用刀时他都在认真琢磨这件事。

有一次他看到有人用玻璃片刮木板上的油漆，当玻璃片刮钝以后就敲断一节，然后又用新的玻璃片接着刮。这使他联想到刀刃：如果刀刃钝了不去磨它，而把钝的部分折断丢掉，接着用新刀刃，刀具就能永保锋利。于是他设计在薄薄的长刀片上留下刻痕，刀刃用钝了就照刻痕折下一段丢掉，这样便又有了新的锋利的刀刃。这位职员从用玻璃片刮木板联想到刀刃，从而发明了前所未有的可连续使用的刀具，后来他创立了一家专门生产这种新式刀具的工厂，从而走上了成功之路。

把爆破与治疗肾结石联想到一起，也可谓是一个伟大的创举。目前的定向爆破技术，能将一幢高层建筑炸成粉末，同时又不影响旁边的其他建筑物。医学家们由此联想到了医治病人的肾结石。他们经过精确的计算，让炸药的分量小到恰好能炸碎病人肾脏里的结石，而又不影响病人的肾脏本身。这种在医学上被称为微爆破技术的治疗手段，为众多肾结石病人解除了病痛。

找到事物的相似点，往往就能够把不同的事物组合起来。相似联想法的运用，通常使整个事物具有了新的性质和功能，也会给我们带来耳目一新的感觉。

跨越时空的相关联想法

所谓相关联想法，就是指在思考问题时，尽量根据事物之间在时间或空间等方面的联系进行联想。由于世上万物都不是孤立存在的，在空间上或时间上总是保持着一定的联系，因此灵活运用相关联想法，常常也能打开思路、作出创新。

苏东坡到杭州任地方官的时候，西湖早已名不副实了。长年累月的泥沙越淤越多，碧波荡漾的西湖成了“大泥坑”。

苏东坡对此黯然神伤。随后多次巡视西湖，反复思考如何加以疏通，使往日风光秀美的西湖重现迷人的风采。

几次巡视后，他发现最棘手问题的是从湖里清除的大量淤泥无处存放。有一天他忽然想到，西湖有30里长，要环湖走一圈，恐怕一天也走不完。如果把湖里挖上来的淤泥堆成一条贯通南北的长堤，既清除了淤泥，又方便了游人，不是很好的办法吗？这时他又联想到，挖掉了淤泥后，可以招募附近的农民来此种麦，种麦所获的收益，反过来作为整治西湖的资金，这样疏通西湖有了钱，挖出来的淤泥也有了去处，西湖附近的农民也增加了收益。西湖不仅有了一条贯穿南北的通道，便利了来往的游客，而且还为西湖增添了一道风景。

苏东坡修西湖运用相关联想法巧妙地解决了问题，他联想到将淤泥做成长堤，又联想到淤泥堆成的地面可以用来做农田，既解决了河道疏通的问题，又增加了农民的效益，真可谓一举两得的壮举。

我们生活中常见的许多创意或创造物，都是相关联想的产物。

在澳大利亚曾发生过这样一件事情：在收获季节里，有人发现一片甘蔗田的甘蔗产量竟提高了50%。这是怎么一回事？回想起来，在甘蔗栽种前一个月，曾有一些水泥洒落在这块田里。于是科学家们运用相关联想，发现水泥中的硅酸钙能使酸性土壤得到改良，并由此发明了改良酸性土壤的“水泥肥料”。

再如“人造血”的发明也是科学家们运用相关联想的结果：当时，有一只老鼠掉进了氟化碳溶液中，但它却没有被淹死。于是，科学家们马上联想到这与氟化碳能溶解和释放氧气、二氧化碳有关，并利用氟化碳制成了“人造血”。

1982年2月底至3月初，墨西哥爱尔·基琼火山喷发，亿万吨火山灰直冲云霄。就在大家为火山喷发的壮观景象惊叹时，精明的美国政府已开始调整国内政策，并借机大赚了一笔。

原来爱尔·基琼火山爆发后，美国政府联想到悬浮在空中的火山灰会将一部分从遥远的宇宙射向地球的太阳能反射回去，从而形成大面积低温多雨的天气，造成世界范围的粮食减产。于是，预见到世界各地的粮食生产将会不景气的美国政府便主动调整了国内粮食政策。

第二年，世界各国粮食产量果然大幅度下降，而美国政府由于及时采取了相关措施，成了唯一的粮食出口国，并由此在国际事务中处处占了上风。

这些都是相关联想的结果。各种事物之间都存在着或多或少的关联点，只要我们能够转换观察的视角，就可以赋予我们新的认识，带来新的看法，给事物以新的意义，而这种新的意义往往蕴含着解决问题的捷径。

对比联想：根据事物的对立性进行联想

对比联想法是指由对某一事物的感知和回忆引起跟它具有相反特点的事物，从而得出创造或创见的思维方法。

例如：黑与白、大与小、水与火、黑暗与光明、温暖与寒冷。每对既有共性，又具有个性。

由于客观事物之间普遍存在着相对或相反的关系，因此运用对比联想往往也能引发新的设想。比如由实数想到虚数，由欧氏几何想到非欧氏几何，由粒子想到反粒子，由物质想到反物质，由精确数学想到模糊数学，等等，都是对比联想的结果。

鲍罗奇是一位专营中国食品的美国企业家，他的公司注册商标图案原先是一位中国胖墩，在第二次世界大战期间销路很好。但随着时间的推移，采用“胖墩”商标的食品销路越来越差了。

“既然‘胖’不行，那么‘瘦’怎么样?”鲍罗奇想到。

于是他将商标图案改成了“中国瘦条”，结果这一微不足道的改动，起到了立竿见影的效果。

原来在“二战”期间，肥胖象征着财富与安乐，因此“胖墩”的销路当然不会错。可随着人们生活水平的提高，减肥运动悄然兴起，这时，“中国瘦条”反而能适应减肥这一新潮流。因此，鲍罗奇运用对比联想做出的这一改动使自己公司的食品销量大增。

同样，当物理学家开尔文了解到巴斯德已经证明了细菌可以在高温下被杀死，食品经过煮沸可以保存后，他大胆地运用对比联想：既然细菌在高温下会死亡，那么在低温下是否也会停止活动？在这种思维的启发下，经过精心研究，终于发明了“冷藏”工艺，为人类的健康保健做出了重要的贡献。

在使用对比联想法的过程中，我们需要将视角放在与目前该事物的特征相对的特点上，并加以巧妙地利用。

铜的氢脆现象使铜器件产生缝隙，令人烦恼。铜发生氢脆的机理是：铜在500℃左右处于还原性气体中时，铜中的氧化物被氢脆无疑是一个缺点，人们想方设法去克服它。可是有人却偏偏把它看成是优点加以利用，这就是制造铜粉技术的发明。用机械粉碎法制铜粉相当困难，在粉碎铜屑时，铜屑总是变成箔状。把铜置于氢气流中，加热到500℃～600℃，时间为1～2小时，使铜屑充分氢脆，再经球磨机粉碎，合格的铜粉就制成了。这里就运用了对比联想法。

18世纪，拉瓦把金刚石煅烧成CO_2的实验，证明了金刚石的成分是碳。1799年，摩尔沃成功地把金刚石转化为石墨。金刚石既然能够转变为石墨，用对比联想来考虑，那么反过来石墨能不能转变成金刚石呢？后来终于用石墨制成了金刚石。

对比联想法在学习中得到广泛的应用，它可以帮助我们从一个方面联想起另一个方面。两个相反的对象，只要想到一个，便自然而然地会想出相对的那个来。

许多学生有这样的经验和体会：在学习数、理、化知识时，可以把那些各自彼此对立的定理、公式和规律归纳到一起，以便用对比联想法帮助记忆。例如，在记忆圆锥曲线时，对于椭圆、双曲线和抛物线的定义、方程、图形、焦点、顶点、对称轴、离心率等性质，可以用对比联想法记忆。再如，正数和负数、微分和积分、乘方和开方等概念都是对立的，运用对比联想法会收到良好的效果。

第十二章　简单思维

——复杂问题可以简单化

“奥卡姆剃刀”的威力

许多年前，教皇把一个神学领域的异端分子关进监狱，目的是不使他的思想得到传播，这个异端分子叫奥卡姆·威廉。没想到，威廉居然逃跑了，并投靠了教皇的死敌——德国的路易皇帝。他对路易说：“你用剑保卫我，我用笔来捍卫你。”

威廉写下的大量著作都影响不大，但一句不见于著作中的格言却享有盛名。这句格言只有8个字——“如无必要，勿增实体。”其含义是，只承认一个确实存在的东西，凡干扰这一具体存在的空洞的概念都是无用的废话，应当将其取消。这一似乎偏激独断的思维方式，被称为“奥卡姆剃刀”。

“奥卡姆剃刀”原则在逻辑学中又被称为“经济原则”。根据这一原则，对任何事物准确的解释通常是那种“最简单的”，而不是那种“最复杂的”。这就像音响没有声音，我们总是会先看看是不是电源没有接好，而不会马上就将音响拆开检查是否哪个线路坏了。

许多年来，一个又一个伟大的科学家磨砺着这把“剃刀”，使之日见锋利，终于成为科学思维的出发点之一。凡善于使用这把“剃刀”的科学家，如哥白尼、牛顿、爱因斯坦等，都在“削”去理论或客观事实上的累赘之后，“剃”出了精练得无法再精练的科学结论。

“奥卡姆剃刀”体现的就是简单思维，从方法论角度出发，就是舍弃一切复杂的表象，直指问题的本质。可惜，当今有不少人，往往自以为掌握了许多知识，喜欢将一件事情往复杂处想。

多年以来，不少人一直怀有这样的困惑：埃及金字塔的底边，为什么是由365块石头组成的，这个数字，是否跟地球自转周期有关？针对上述问题，我们只需拿起“奥卡姆剃刀”说话：它用365块石头砌成底边是因为它需要那么大，顶端的那28块石头也只是因为它正好需要那些石头——因为问题可能本来就是那么简单。假如硬要从复杂的角度进行联想，任何解释都能附会，如果当时埃及金字塔的每条底边用了555块石头，那么，人们照样能够找到无数令人信服的相关联系，从而证明埃及人的其他先见之明。因此，这些解释原则上都可以“剃”掉。

美国太空总署曾向全球征求一种供太空人使用的超现代化书写工具，要求是：必须能在真空环境中使用，必要时能让笔嘴向上书写，还要几乎永远不要补充墨水或油墨，费用多少，在所不惜。

消息传出后，全世界的许多天才都为此大动脑子，各种各样的设计方案不断地由四面八方速递而来，其中有一条建议，让太空总署的官员看了后汗颜不已，那是一封从德国打来的电报，上面只有寥寥数字：试过铅笔没有？

“试过铅笔没有”这是一种智慧，更是一种对复杂思维的讽刺，为什么不使用“奥卡姆剃刀”删减掉我们思维中的许多固有模式呢？因为我们接受的知识越多，就越容易将问题向复杂的方面考虑，越难以找到简单的解题方法。而不谙世事的小孩子不会有任何复杂的顾虑，却能够带给我们出人意料却又是绝妙的结果，就像下面的这个故事一样。

英国的一家著名报社，曾经举办过一项高额奖金的有奖征答活动。题目是：在一个充气不足的热气球上，载着三位科学家。

第一位是环保专家，他的研究可拯救无数人，使人们免于因环境污染而面临死亡的厄运。

第二位是核专家，他有能力防止全球性的核战争，使地球免于遭受灭亡的绝境。

第三位是粮食专家，他能在不毛之地，运用专业知识成功地种植食物，使几千万人摆脱饥荒的命运。

此刻，热气球即将坠毁，必须丢出一个人以减轻载重，使其余的两人得以存活。请问，该丢下哪一位科学家？

问题见报后，很多热心的读者纷纷把自己的答案投给报社。回答大多集中在讨论哪一位科学家的重要程度上，有人说环保专家重要，有人说核专家重要，有人说粮食专家重要。为此，各方支持者争吵不休。

结果出来了，众多的回答都与大奖无缘。最终，偏偏是一个小男孩答对了题，中了大奖。小男孩的答案再简单不过了——丢下那个最胖的人！

“奥卡姆剃刀”是一把无比锋利的刀子，任何纷繁复杂的事物到它的面前都会删繁就简。瞬时，复杂的思维会变得简单，纷繁的世界会变得纯净，它的威力震慑着每一个人，促使我们向着简单的道路迈进。

简单的往往是最好的

在古希腊，有这样一个“戈迪阿斯之结”的故事。

外地人来到朱庇特神庙，都会被引导去看戈迪阿斯王的牛车，每个人都惊叹戈迪阿斯王把牛轭系在车辕上的技巧。

“只有了不起的人才能打出这样的结来。”有人这样说。

“你说得对。”庙里的神使说，“但是能解开这结的人，必须是更了不起的。”

“那是为什么呢？”参拜的人问。

“因为能解开这个奇妙结子的人，将把全世界变成自己的王国。”神使回答说。

自此以后，每年都有很多人来解这个结，可是绳头都看不到，他们甚至不知从何下手。

几百年之后，来了一位年轻国王，名叫亚历山大。他征服了整个希腊，曾率兵打败了波斯国王。亚历山大仔细察看了这个结，他也找不到绳头，于是，他举起剑来一砍，把绳子砍成了很多段，牛轭就落到地上了。

“整个世界属于我。”他说。

亚历山大避免了尝试用复杂的方法来解这个复杂的绳结，而且用了一个简单的动作——挥剑一砍，问题便解决了，留下众人的惊叹：原来可以这么简单！

每天我们都面对各种各样的问题，感到烦恼、困惑、焦躁。我们畏惧和厌烦问题，告诉自己问题是多么困难，几乎无法顺利解决，于是我们一次次寻找各种复杂的方法试图解决问题，但总是没找到正确的方法，所以我们更坚信问题是困难的，解决问题的方法必定是繁复而高深的。

但事实是否如此呢？

许多时候，人们习惯性地将一个问题想得复杂且高深，这不仅成为解决不了问题的借口，使自己得到心灵上的安慰，更为许多人找到了一个标榜自己的机会。因为在大多数人的认识中，“复杂且高深”的问题必定有一个与之匹配的复杂解答方法。所以在孜孜不倦追求这些复杂解题方法的时候，人们看不见简单的方法。

简单的未必一定是最好的，但是简单的在很多时候是最好的解决方法。随着科技的进步，人们现今追求的是什么？就是使自己的工作、生活越来越简便，让机器代替许多原本繁复的手工工作。

相信下面这个故事能够使你体会到“简单的往往是最好的”这句话的深意。

有一个制帽学徒，学成以后，他准备自开一家小店，第一件事便是要制作一个漂亮的招牌，写上合适的广告词。他拟了这样的话：制帽商约翰·汤普森，制造并收现钱出售帽子。下面画了一顶帽子。

他征求朋友们的意见，以便修改完善，让他的广告更响亮，生意能更好。

第一位朋友看了后，认为“制帽商”与后面的“制造”重复。于是，将“制帽商”删去。

第二位朋友说：“‘制造’一词也可以去掉。如果我是顾客，我才不关心帽子是谁做的。只要帽子合适、质量好，我就会购买。”于是，约翰又将“制造”二字删去。

他又请教了第三位朋友，朋友给出的建议是：“现钱”二字毫无意义，因为当地并无赊卖的习俗，这两个字又被删除了。这样，就只剩下“约翰·汤普森出售帽子”。

“出售帽子!”又一位朋友看到了这句广告说，“并没有人认为你会白送呀！肯定是出钱买帽子的，‘出售’二字没有任何意义。”于是，“出售”二字也被删去。

最后，干脆把“帽子”二字也删掉了，因为广告牌上已经画了一顶帽子，何必画蛇添足呢？结果，招牌只剩“约翰·汤普森”几个字，底下画着一顶帽子。

而这个简单的广告招牌，为这家帽店带来了许多生意。因为它的店名简单易记，许多顾客口口相传，不久就成了知名的商店，店的规模也扩大了。

因为简单，所以人们都记住了这个店名。虽然简单，但是却给人留下了深刻的印象。

在高科技的时代，人们习惯了复杂，却往往忽略了最简单、最原始的一些东西。过去我们依赖解决问题的简单方法必定也有其一定合理的地方，在某些时候，它们恰恰是解决问题最好的方法。

简单便是聪明，复杂便是愚蠢

法国昆虫学家法布尔说："简单便是聪明，复杂便是愚蠢。"科学发展的过程，实际上也是一个不断简化的过程。

在许多发展创新的过程中，无论是一个产品、一种技术，还是一项课题，简化都是一个突破的方向。

20 世纪前 20 年，驱动汽车的新型发动机一直沿用往复活塞式内燃机，其结构的主体构件为机械原理中的曲柄滑块结构以及进、排气阀门结构。20 世纪 50 年代，德国工程师沃克尔设计出一种新式的旋转活塞式发动机，只有两个运动构件，即三角形转子和通往齿轮箱的曲轴，它只需要一个汽化器和若干个火花塞以及复杂的阀门控制机构，所以该发动机的重量比传统发动机轻 1/4，而且价格便宜。

这种旋转活塞式发动机，已经在我国得到推广应用，从发明创造的角度来说，简洁是区别平庸与天才的一个标准。化繁为简，将复杂的问题变简单，将事物中烦琐的、陈旧的和无足轻重的部件去掉，使之更加重点突出、功能鲜明、结构精悍、性能优化，是发明创造的一条捷径。

我国发明家张文海认为，补偿方法需要简化，由此发明了"旋转变压器快速最佳补偿"；多极旋转变压器机械理论角的计算需要简化，由此发明了"多极旋转变压器机械理论角的简化计算"；零点标记打点需要简化，由此发明了"旋转变压器零位标记的简易光刻"。

张文海运用简化原则，在一个领域连砍三刀，推陈出新地发明实践，就此彰显了化繁就简的无尽魅力。

科学公式越简单，其理论概括性越强，适应性越普遍。正如达尔文在《自传》中写道：我的智慧变成了一种把大量个别事实化为一般规律的机制。

不仅科学的发展如此，在我们的实际生活、学习中，简单也是避开人生繁杂忧愁的思维方法，简单便是聪明。

曾听说过这样一个故事。

一家著名的日用品公司换了一条全新的包装流水线，但是之后却连连收到用户的投诉，抱怨买来的香皂盒子里是空的，没有香皂。这立刻引起了这家公司的注意，并立即着手解决这个问题。一开始公司准备在装配线一头用人工检查，但因为效率低而且不保险而被否定了。这可难住了管理者，怎么办？不久，一个由自动化、机械、机电一体化等专业的博士组成的专业小组来解决这个问题，没多久他们在装配线的头上开发了全自动的X光透射检查线，透射检查所有的装配线尽头等待装箱的香皂盒，如果有空的就用机械臂取走。

这时，同样的问题发生在另一家小公司。老板吩咐流水线上的小工务必想出对策解决问题。小工申请买了一台强力工业用电扇，放在装配线的头上去吹每个肥皂盒，被吹走的便是没放肥皂的空盒。

同样的问题，一个花了大力气大本钱研究了X光透视装备，一个却用简单的电风扇吹走空的肥皂盒，不同的方法一样解决问题。或许有人认为小工想到的用风扇吹走空肥皂盒的方法太简单，太没有技术含量，但是，它达到了目的，解决了问题。这样的方法更简单易行、更省时省力省钱，不是吗？这样的方法就是好方法！

中国有一句俗话，叫做“快刀斩乱麻”。用最简单的方法去解决最复杂的问题，有时候也是最有效的方法。这也是简单思维的一种运用。

不久前，巴黎一家现代杂志刊登了这样一个有趣的竞答题目：如果有一天卢浮宫突然起了大火，而当时的条件只允许从宫内众多艺术珍品中抢救出一件，请问：你会选择哪一件？

在数以万计的读者来信中，一位年轻画家的答案被认为是最好的：选择离门最近的那一件。

这是一个令人拍案叫绝的答案，因为卢浮宫内的收藏品每一件都是举世无双的瑰宝，所以与其浪费时间选择，不如抓紧时间抢救一件算一件。

我们在做任何事情的时候，千万不要把事情过于复杂化，“简单就是聪明，复杂就是愚蠢”，太多的顾虑反而会让我们走弯路，事情的结果也会无法和我们希望的一致。

不要将事情复杂化

简单思维要求我们简单地看待问题，然而当我们真正面对问题时，却难以做到简单处理，总是将事情人为地复杂化。

本来一件简单的事，几经反复，却变得复杂起来。而复杂的事物、复杂的思路不但不利于问题的解决，反而会使解决问题的人陷入复杂的怪圈。

下面的两个故事也颇有启发意义。

怎样才能使洗衣机洗后的衣服上不沾上小棉团之类的东西？这曾经是一个令科技人员大感棘手的难题。他们提出过一些有效的办法，但大都比较复杂，需要增添不少设备。而增添设备就既要增加洗衣机的体积和使用的复杂程度，又要提高洗衣机的成本和价格，为解决这么一个问题，未免令人感到得不偿失。

可是家庭主妇却总为这一问题大伤脑筋。

日本有一位名叫笥绍喜美贺的家庭妇女也碰到了同样的情况，能不能自己想个办法解决呢？有一天，她突然想起幼年时在农村山冈上捕捉蜻蜓的情景，联想到洗衣机，小网可以网住蜻蜓，那洗衣机中放一个小网不是也可以网住小棉团一类的杂物吗？许多正规的科技人员都认为这样的想法太缺乏科学头脑了，未免把科技上的问题想得太简单。而笥绍喜美贺却没管这些，她用了3年时间不断研究试验，终于获得了满意的效果。

一个小小的网兜构造简单，使用方便，成本低廉，完全符合实用发明的一切条件，投入市场后大受欢迎。很快，世界上很多洗衣机厂商都采用了这一最简单却又最实用的发明。笥绍喜美贺发明的这种洗衣机小网兜，专利期限为15年，仅在日本她就获得了高达1亿5千万日元的专利费。

在走了许多弯路之后，人们往往发现原来最不愿意走的那条路竟是最好的路。这个世界上，最清醒的人应该是自己，而不是别人。自己不能选择自己的路，岂不是一种悲哀吗？

很多事情本来很简单，却往往被我们所忽略，不能很好地运用简单思维，反而使事情变得复杂。

绝妙常常存在于简单之中

简单的思维是一种智慧，简单的思维是一种精明，它反映出灵活和敏捷。将简单的思维贯穿于问题的处理之中，常常能起到许多意想不到的作用，而且一经人们领悟后，会由衷地叹服其绝妙。

东汉末年，7岁的华佗到一位姓蔡的医生家去拜师。行过见面礼，华佗规规矩矩地坐在那里静听老师的吩咐。

医生医术高明，前来拜师的人很多。蔡医生觉得应该收那些智力高的孩子为徒，决定先考考他们。

他把华佗召到面前，指着家门口的一棵桑树提了一个问题："你瞧，这棵桑树最高枝条上的叶子，人够不着，怎么能采下桑叶来？"华佗道："用梯子呗！""我家没梯子。""那就爬上去采。""不，你能想出别的方法吗？"

华佗找了根绳子，用绳子系上一块小石头，然后用力往那最高的枝条上抛。那根树枝被绳子拉了下来。华佗一伸手就把桑叶采下来了。蔡医生高兴地点点头说："很好，很好!"

过了一会儿，庭院旁有两只山羊在打架。几个孩子去拉，可是怎么也拉不开。医生吩咐道："你去想想办法，叫那两只羊不要打架。"

华佗在树下转了一圈，拔了一把鲜嫩嫩、绿油油的草。他把草送到两只山羊的面前。这时，山羊打累了，肚子也饿了，见到草就顾不得打架了。

"你真会动脑子，我很高兴当你的老师。"

就是这个华佗，后来成了著名的神医。

经常听到人们说这样一句话：成功其实并不难。它的意思是说：不要把事情看得那么难，那样只会使人处于自我束缚中。许多问题解决起来，既不需要太复杂的过程，也不必要有太多的顾虑，绝妙常常是存在于简单之中的。

艾柯卡为克莱斯勒汽车公司引进敞篷车的故事就是对简单思维的绝妙的运用。

克莱斯勒的总裁艾柯卡有一天在底特律郊区开车时，驶过一辆野马牌敞篷车——那正是克莱斯勒缺乏的，艾柯卡心想。

他回到办公室以后，马上打电话向工程部的主管询问敞篷车的生产周期。"一般来说，生产周期要 5 年，"主管回答，"不过如果赶一点，3 年内就会有第一辆敞篷车了。"

"你不懂我的意思，"艾柯卡说，"我今天就要！叫人带一辆新车到工厂去，把车顶拿掉，换一个敞篷盖上去。"

结果艾柯卡在当天下班前看到了那辆改装的车子。一直到周末，他都开着那辆"敞篷车"上街，而且他发现看到的人都很喜欢。第二个星期，一辆克莱斯勒的敞篷车就上设计图了。

对于汽车制造，工程师比艾柯卡要更为专业，然而，他们却无论如如何也想不到敞篷车可以这样简单地完成。正是专业知识禁锢了他们的思想，使得他们难以用简单的方法去解决复杂的问题，更难以体会到简单思维的绝妙乐趣。

绝妙常常存在于简单之中，只有学会运用简单思维，才不会落入复杂的问题陷阱，才能尽情地享受简单带来的成功。

砍掉不必要的东西

铁匠打了两把宝剑。

刚刚出炉时它们一模一样，又笨又钝。

铁匠想把它们磨快一些。

其中一把宝剑想，这些钢铁都来之不易，还是不磨为妙。

它把这一想法告诉了铁匠。

铁匠答应了它。

铁匠去磨另一把剑，另一把没有拒绝。

经过长时间的磨砺，一把寒光闪闪的宝剑磨成了。

铁匠把那两把剑挂在店铺里。

不一会儿就有顾客上门，他一眼就看上了磨好的那一把，因为它锋利、轻巧、合用。

而钝的那一把。虽然钢铁多一些、重量大一些，但是无法把它当宝剑用，它充其量只是一块剑形的铁而已。

同样出自一个铁匠之手，同样的功夫打造，两把宝剑的命运却是这样天壤之别！锋利的那把又薄又轻，而另一把则又厚又重，前者是削铁如泥的利器，后者则只是一个中看不中用的摆设、一个包袱。

其实，生活中的许多事都是这样，有一些东西是不必要存在的，应当把它“砍掉”，还原生活的简单面貌。往往，变得简单的东西更能展现出自己的特点，使其更具魅力和实用价值。

世界上最早诞生的火车车轮上套有齿圈，通过与钢轨上的齿条啮合向前运动。机车司炉工斯蒂文森望着复杂的车轮想：将齿圈和齿条去掉将会怎样呢？当时，许多专家认为：车轮必须有齿，没有齿，火车就会打滑或者脱轨。斯蒂文森按照自己的设想进行试验，他将车轮上的齿圈去掉后，发现火车不仅不打滑，不脱轨，反而在铁道上能风驰电掣般地飞奔疾驶，速度一下提高5倍以上。从此，火车摆脱了齿圈车轮的束缚，斯蒂文森的名字也随人类交通的发展而载入史册。

现在广为代步的自行车也有类似的经历。当初，人们为了防止自行车倾倒而在后轮两侧装有两个小轮。后来有人想：能不能将两个小轮去掉呢？试验结果表明，去掉两个小轮后，自行车在前进中不会左右倾倒，而且转弯更为灵活。从此，自行车只剩下轻便的两个大轮了。

一般地说，人们在做事情时，总是用尽全力使之至善至美。但是，有时会因追求全面而造成“画蛇添足”或“多此一举”的情况。此外，由于事物所处的环境发生了变化，构成事物的某些功能或性能要素变得不合时宜而成为累赘。这时，就需要简单思维法发挥威力，将无用的东西砍掉，只保留精华的部分。

在商业用途上，“砍掉不必要的东西”这一方法往往被用于某一区域市场的分割或某一特定需求的开拓。其做法是：保留具有必要用途部分的同时，将其他部分省略。

随身听的发明，首先来自于一个员工。他在把收录机拆开后，只留其听的功能，在玩耍时被总经理看到。

总经理想：人们不一定要收录音，仅仅随身听音乐，不就是一个单一的市场吗？于是，他下令大力生产随身听。

结果随身听得到广大顾客的喜爱。

货舱式销售的方式，也被认为是销售上的一场革命。

这种方式的产生，也来源于有关人士的感悟：原来的商场都要装饰漂亮，引人入胜，但是，它们并不是所有消费者都需要的。有一种消费者，只要产品便宜就最好，购物点是否漂亮并不重要。

于是，有关人士就果断地将这一功能去掉，而将压缩下来的成本用于降低商品售价，结果大获成功。

人生的道理与此也有几分相似，人生的目的不是面面俱到、多多益善，而是把已经掌握的东西得心应手地去运用，它与宝剑一样，剑刃越薄越好，重量越轻越好。做到这一点的方法，就是需要我们毫不吝惜地将不必要的东西砍掉。

思维一转换，问题就简单

爱迪生有位助手叫阿普顿，出身名门，是大学的高材生。在那个门第观念很重的年代，阿普顿对小时候以卖报为生、自学成才的爱迪生很不以为然。

一天，爱迪生安排他做一个计算梨形灯泡容积的工作，他一会儿拿标尺测量、一会儿计算。几个小时后，爱迪生进来了，问阿普顿是否已计算好，满头大汗的阿普顿忙说："快好了，就快好了。"爱迪生看到稿纸上复杂的公式明白了怎么回事。于是拿起灯泡，倒满水，递给阿普顿说："你去把灯泡里的水倒入量杯，就会得出我们所需要的答案。"

阿普顿这才恍然大悟：哎呀，原来这样简单！从此，他对爱迪生产生深深的敬意。

爱迪生只是将思维进行了转换，用直接的方法难以测量，那么，就用间接的方法，问题就变得简单多了。

许多看似复杂的问题，其实并不复杂。之所以有许多事情显得那么复杂，或许正是缺乏简单的思维。如能将思维的砝码向简单中倾斜一些，一定会使你感到轻松而又妙不可言。

1952年，日本东芝电器公司积压了大量电扇销不出去。公司7万多名员工为了打开销路想尽了一切办法，仍然进展不大。最后公司董事长石坂先生宣布，谁能让公司走出困境、打开销路，就把公司10%的股份给他。这时，一个基层的小职员向石坂先生提出，为什么我们的电扇不可以是其他颜色的呢？石坂特别重视这位小职员的建议，竟为这个建议开了董事会专门讨论，最后董事会决定采纳这个建议。第二年的夏天，东芝公司就推出了一系列的彩色电扇。这批电扇一上市，立刻在市场上掀起了一阵抢购热潮，3 个月之内就卖出了几十万台。从此以后，在世界的任何地方，电扇就再也不是一副黑色的面孔了。

一个简单的建议，便扭转了极度的困境，从中你会发现，“简单地变换一下”是多么的美妙。它的确如同一束明亮的阳光，将黑暗的角落照亮。并且，简单地变换一下，常常能使险境转危为安、化险为夷。

下面便是一个经典的案例。

1988 年 10 月 27 日，秘鲁的一艘潜水艇在公海上被一艘日本商船撞沉。船长及其他 6 人死亡，24 人已脱离险境，还有 22 人随潜艇渐渐下沉。大家推举老船员詹特斯为临时船长，研究逃生办法。时间一分一秒地过去，有些人绝望了。詹特斯决定冒险——用发射鱼雷的方法将人一个个地发射出去。然而，这样做太危险了，人被发射后要承受巨大的压力，弄不好还要留下终生难以治愈的“沉箱病”。这时潜艇已沉入海中 33 米，把人射出海面需要 3 秒，不能再犹豫了。詹特斯告诉大家进入鱼雷弹道口前，尽量把腔内的空气排净，否则肺会像气球一样在发射中爆炸。结果，这 22 人中除一人脑出血外，都安全地返回了海面，死里逃生。

以上事例都足以说明简单思维的巨大威力，只要善于更新与变换思维，许多困境中的问题都会迎刃而解。

第十三章 U形思维

——两点之间最短距离未必是直线

以退为进的迂回法

国际体育比赛中曾发生过这样一件事，在一次保加利亚队和捷克斯洛伐克队的篮球比赛中，离比赛结束还剩下8秒钟的时候，保队仅领先一个球。按照规定，保队在这一场球赛中，必须至少赢3个球才能不被淘汰。这时，保队的一个队员突然向本方的篮内投入一个球。双方的队员和场外的观众一下子都愣了，不知这是怎么回事。过了好一会儿，大家才明白过来，并报以热烈的掌声。

这位保队队员为什么要向本方的球篮投进一个球？他是怎么想的呢？

他的思考过程大致说来是这样的：保队要想不被淘汰，必须再赢两个球，要有可能再赢两个球，就得延长比赛时间，要延长比赛时间，就要在终场时把比分拉平，要在终场时把比分拉平，那就只有现在向本方篮内投进一个球。

果然，保队这个队员刚一投进这个球，裁判就宣布进行加时比赛。在随后的比赛中，保队士气高涨，轻松拿下3个球，赢得了比赛的胜利。

这位保加利亚队员运用的思维方式就是U形思维法，是一种以退为进的迂回策略。

U形思维法指的是在解决某个问题的思考活动遇到了难以

消除的障碍时，可谋求避开或越过障碍而解决问题的思维方法，这是创造者常常用到的一个方法，对于发明创新和解决问题有很强的启发作用。

1943年2月，希特勒调集4个德国师、1个意大利师的联合特种部队以及南斯拉夫的傀儡军队，集中围攻铁托领导的南斯拉夫西波斯尼亚和中波斯尼亚解放区，企图消灭铁托率领的这支民族解放部队。

为粉碎纳粹的阴谋，铁托率领由4个师组成的突击队，掩护4000名伤员，向东南方向突围，转移到门的哥罗地区。全军在铁托的领导下尽力牵制德军的力量。而转移行动成功的关键，是必须安全渡过涅列特瓦河。铁托的突击部队被德军堵在河的左岸，对岸的阻击火力很猛，而且敌军部队正加紧对铁托部队进行包围。

为尽快过河，突击部队几次向桥头发起攻击，但都被德军的密集火力击退，形势十分危急。这时，铁托一反常规果断命令："炸桥！"突击队员在桥头埋下炸药，"轰"的一声巨响，大桥塌了一段。

也许你会产生疑问，铁托的部队不是要过桥吗？为什么自己反倒把桥炸了？

原来，铁托的做法是为了迷惑敌人，炸桥后，铁托命令部队迅速撤退。德军这时似乎恍然大悟，以为铁托的部队不是要过河，而是要在河的左岸进行活动，所以才炸掉大桥，以阻止德军过河进攻。德军连忙转到下游的渡口过河追赶突击队。看到德军上当后，铁托命令突击队突然神速折回桥头。这时，德军只顾追击铁托的部队，河对岸已没有一个德军把守。突击队挖好工事，建立桥头阵地，做好阻击纳粹兵的准备。同时，铁托命令突击队以最快的速度，借助原来的旧桥墩，连夜在断桥处搭起一座简便的吊桥，将坦克、大炮等重武器丢到河里，人员携带轻便武器，扶着轻伤员，抬着重伤员，闪电般地渡过涅列特瓦河，进入门的哥罗地区。当德军发现被狂轰滥炸的山谷空空如也，根本不见铁托部队踪影时，才恍然大悟：突击部队先炸桥，是为了转移视线、迷惑他们，掩盖过桥的真实意图，使德军判断失误；然后又佯装撤离，采用调虎离山之计诱敌上当，当德军中计离开大桥后，突击部队就可以从容不迫地搭桥过河。

可是，此时的醒悟已经晚了，当突击部队过河后，铁托便命令把大桥全部炸掉，彻底阻止了德军的追击。

胜敌自有妙计，强攻不如智取。将在智而不在勇。军事谋略创新始终是指挥员的第一职责。铁托的高明之处就在于他运用了U形思维，让思维来一个180度的大转弯，并以这种U形思维为基础巧施连环计：

先炸桥——后搭桥——再过桥——最后再炸桥。

U形思维中的退并不是真正的软弱、败退，而是一种迂回的策略，“退”是为了下一步的“进”，退一小步，是为了能进一大步。这才是U形思维的真谛。

两点之间最短距离未必是直线

有两只蚂蚁想翻越一段墙，寻找墙那头的食物。

一只蚂蚁来到墙脚就毫不犹豫地向上爬去，可是当它爬到大半时，就由于劳累、疲倦而跌落下来。可是它不气馁，一次次跌下来，又迅速地调整一下自己，重新开始向上爬去。另一只蚂蚁观察了一下，决定绕过墙去。很快地，这只蚂蚁绕过墙来到食物前，开始享受起来。

第一只蚂蚁仍在不停地跌落下去又重新开始。

很简单的故事，却向我们揭示了一个道理：两点之间最短距离未必是直线。在遇到问题时，我们基本会有两种方法去解决：以直线方法或以迂回的方法。通常，直线方法是我们的首选，因为我们认为两点之间直线最短。但是，许多问题的求解靠直线方法是难以如愿的，这时，采用迂回的U形思维去观察思考，或许能使问题迎刃而解。

U形思维，常常是创新者用来解决难题的一种思考手段。

全自动洗碗机是一种先进的厨房家用电器，是发明家适应现代化生活的创新杰作。然而，当美国通用电气公司率先将全自动洗碗机摆在电器商场的货架上后，却出人意料地遭到冷遇。

无论使用任何手段的广告宣传，人们对洗碗机还是敬而远之。从商业渠道传来的信息也极为不妙，新研发的洗碗机眼看就要夭折在它的投放期内。

经过市场调查发现，原来是消费者的传统观念在起作用。人们普遍认为，连十来岁的孩子都能洗碗，自动洗碗机在家中几乎没有什么用，即使用它也不见得比手工洗得好。机器洗碗先要做许多准备工作，增添了不少麻烦，还不如手工洗来得快。而且，自动洗碗机这种华而不实的“玩意儿”将损害“能干的家庭主妇”的形象。一部分人则不相信自动洗碗机真的能把所有的碗洗干净，认为机器太复杂，维护修理肯定困难。还有一些人虽然欣赏洗碗机，但认为它的价格让人难以接受。

顾客是“上帝”，他们不购买你的新产品，你总不能强迫他们购买吧。在无可奈何的情况下，公司只好请教市场营销设计专家，看他们有何金点子。智囊们经过一番分析推敲，终于想出一个新办法：建议将销售对象转向住宅建筑商。

起初，人们对该建议普遍持怀疑态度，建筑商并不是洗碗机的最终消费者，他们乐意购买吗？在通用电气公司的公关人员的说服下，建筑商同意做了一次市场实验。他们在同一地区，对居住环境、建造标准相同的一些住宅，一部分安装有自动洗碗机，一部分不装。结果，安装有洗碗机的房子很快卖出或租出去了，其出售速度比不装洗碗机的房子平均要快两个月。这一结果令住宅建筑商受到鼓舞。当所有的新建住房都希望安装自动洗碗机时，通用电气公司生产的自动洗碗机的销售便十分畅通了。

从这个故事中，我们可以发现两条思路：其一，将洗碗机直接向家庭顾客推销，效果不佳；其二，将洗碗机安装在住宅里，借助房产销售卖给了家庭用户，结果如愿以偿。前者是直线思维，后者是U形思维。

运用U形思维的基本特点就是避直就曲，通过拐个弯的方法，规避摆在正前方的障碍，走一条看似复杂的曲线，却可以尽快到达目的地。这是U形思维的智慧，也是U形思维的魅力所在。

变通思维的奇妙作用

1945年战败的德国一片荒凉，一个德国年轻人在街上发现——当时德国人处于“信息荒”时期，国民对信息的获得非常饥渴。于是他决定卖收音机！可是，当时在联军占领下的德国，不但禁止制造收音机，连销售收音机也是违法的。这名年轻人就将组成收音机的所有零件、线路全部配备好，附上说明书，一盒一盒以“玩具”卖出，让顾客动手组装。这一思路果然产生奇效，一年内卖掉了数十万盒，这奠定了西德最大电子公司的基础，这年轻人名叫马克斯·歌兰丁。

歌兰丁所使用的方法巧妙地解决了“信息封锁”的难题，这个神奇的方法便是变通思维的运用。

变通思维是U形思维的一种表现形式，是指在思考问题时，当一条路走不通或者付出的机会成本太大时，改变一下思路，从原有的思维框框中跳出来，进入到一个新的思维框架中去思考的一种思维方法。

变通思维方法的主要特征是：新的思考路子与原有的思考路子基本上没有什么联系，是一种另起炉灶，因转换角度而形成的新的思路。一般来说，变通思维用好了，就会起到一种“山重水复疑无路，柳暗花明又一村”的奇妙作用。

近年来，我国列车连续实施提速，极大地提高了铁路运能。然而列车提速受各种因素影响与制约，其中之一就是列车速度越高，左右横向晃动就越厉害，乘客会感到很不舒服。尤其是机车的剧烈晃动对车内的设备损害很大，可能导致底梁开裂等灾难性事故，并加剧钢轨磨损，严重威胁行车安全。

为什么会出现这种现象呢？科技人员从建立和分析机车的动力学模型入手，对机车的承载结构进行研究。发现主要原因是支撑车体的圆柱形二系弹簧抗弯刚度太小，横向刚度偏低，不足以抵挡机车因高速行驶而产生的横向力的威胁。

火车高速行驶不安全的原因找到了，但是问题又出来了，怎么样才能使弹簧承受住火车高速行驶而产生的横向力的冲击呢？按照传统思维考虑问题，无非是改变弹簧的材料，或者把弹簧做大做粗些，但这些都不能解决问题。此事怎么办呢？一些科技人员变通了思路，终于想出了一个绝妙的方法：就是将圆柱形弹簧改换成圆锥形弹簧，再配合其他措施，就可有效解决高速列车晃动的难题。

这一由我国科技人员独创的圆锥形列车专用弹簧，抗弯、抗剪、抗扭和抗疲劳性能以及横向、纵向刚度，均比传统的圆柱形弹簧优越。比起昂贵精密的空气弹簧，它制造容易，维修方便，成本低廉；比起橡胶堆弹簧，它使用寿命长，耐温能力强。圆锥形弹簧完全适合速度高、质量大、振动频率低的电力机车、内燃机车及高速客车等。

变通思维的关键是要学会变，路走不通时要变，路不好走的时候也要变，不能一条路走到黑，也不能做事一根筋。

变通思维不但在发明创造中有着广泛的应用，在处理日常事务中也是一个常用的思维方法。我们知道，八面玲珑的人是不会死守教条的，他们的特点就是善于变通。灵活变通已成为在人生战场上立足的必备技能。

美国辛辛那提大学的乔治·古纳教授，在讲授秘书学时提供了这样一个案例。

有一天，一家公司的经理突然收到一封非常无礼的信，信是一位与公司交往很深的代理商写来的。

经理怒气冲冲地把秘书叫到自己的办公室，向秘书口述了这样一封信："我没有想到你会这样给我写信，你的做法深深伤害了我的感情。尽管我们之间存在一些交易，但是按照惯例，我还是要把这件事情公布出去。"

经理叫秘书立即将信打印出来并马上寄出。

对于经理的命令，这位秘书可以采用以下4种方法：

第一种是"照办法"。也就是秘书按照老板的指示，遵命执行，马上回到自己的办公室把信打印出来并寄出去。

第二种是"建议法"。如果秘书认为把信寄走对公司和经理本人都非常不利，那么秘书应该想到自己是经理的助手，有责任提醒经理，为了公司的利益，哪怕是得罪了经理也值得。于是秘书可以这样对经理说："经理，别理这封信，撕了算了。何必生这样的气呢?"

第三种是"批评法"。秘书不仅没有按照经理的意见办理，反而向经理提出批评说："经理，请您冷静一点，回一封这样的信，后果会怎样呢？在这件事情上，难道我们不应该反省反省?"

第四种是"缓冲法"。就在事情发生的当天下班时，秘书把打印出来的信递给已经心平气和的经理说："经理，您看是不是可以把信寄走了?"

乔治·古纳教授在教学中选择了"缓冲法"。

他的理由是：第一种"照办法"，对于经理的命令忠实地执行，作为秘书确实需要这种品质，但是"忠实照办"，仍然可能是失职。第二种"建议法"，这是从整个公司利益出发的；对于秘书来说，这种自我牺牲的精神是难能可贵的，可是，这种行为超越了秘书应有的权限。第三种“批评法”，这种方法的结果是秘书干预经理的最后决定，是一种越权行为。而第四种“缓冲法”，则是一种最折中的、于经理于该秘书都无不利的方法，这是善于变通在工作中的体现，反映了一个下属机敏灵活的处事头脑和审时度势的工作能力。

在工作、生活中，我们会遇到各种各样的困难，甚至会被一些两难问题束缚住手脚，要打破困窘的处境，首先就要将自己从“心灵之套”中解脱出来，只要有了变通的理念，就一定能够找到巧妙的方法。

此路不通绕个圈

当你走在路上，眼看就要到达目的地了，这时车前突然出现一块警示牌，上书四个大字：此路不通！这时你会怎么办？

有人选择仍走这条路过去，大有不撞南墙不回头之势。结果可想而知。已言明“此路不通”，那个人只能在碰了钉子后灰溜溜地调转车头，返回。这种人在工作中常常因“一根筋”思想而多次碰壁，消耗了时间和体能，却无法将工作效率提高一丁点，结果做了许多无用功。

有人选择驻足观望，不再向前走，因为“此路不通”。却也不调头，想法有二：一是认为自己已经走了这么远，再回头心有不甘且尚存侥幸心理；二是想如果回头了其他的路也不通怎么办？结果驻足良久也未能前进一步。这种人在工作中常常会因懦弱和优柔寡断而丧失机会，业绩没有进展不说，还会留下无尽的遗憾。

还有另一类人，他们会毫不犹豫地调转车头，去寻找另外一条路。也许会再次碰壁，但他们仍会不断地进行尝试，直到找到那条可以到达目的地的路。这种人是生活与工作中真正的勇者与智者，他们懂得变通，直到寻找到解决问题的办法，并且往往能够取得不错的成绩。

有这样一则故事。

有一个律师得了重病，已经无药可救，而独生子此刻又远在异乡，不能及时赶回来。

当他知道自己死期将近时，怕仆人侵占财产，篡改自己的遗嘱，便立下了一份令人不解的遗嘱：我的儿子仅可从财产中选择一项，其余的皆送给我的仆人。

律师死后，仆人便高高兴兴地拿着遗嘱去寻找主人的儿子。

律师的儿子看完了遗嘱，想了一想，就对仆人说："我决定选择一样，就是你。"这样，聪明的儿子立刻得到了父亲所有的财产。

如果你是律师，你会怎么做呢？担心仆人侵占自己的财产，但说教、阻止、威胁等手段都无法起到很好的作用，这时该怎么做？其实，故事中的律师就是采取了迂回的方法，以退为进，放长线钓大鱼，先给对方尝点甜头，稳住对方，才能攻无不克。

面对问题、障碍时，不妨绕个圈，从另一个方向入手解决问题，也许会收到不错的效果。

有两家酒店正好开在一条街上，且对街而望，为了抢生意，拉顾客，两家的店主争相在门口贴广告来拉生意。一家店主在门口贴出广告称：本店以信誉担保，出售的散酒全是陈年佳酿，绝不掺水。他十分得意，认为另一家店不可能做出比自己更好的广告了。另一家的店主见状，思索片刻，提笔在自家门口上写下了另一则广告：本店素来出售的是掺水一成的陈年佳酿，如有不愿掺水者请预先声明，但饮后醉倒与本店无关。说自己的酒不掺水的那家店主不禁洋洋自得，他认为另一家店主实在太傻，竟然告诉别人自己的酒里掺水。谁知，路上行人到此驻足后，纷纷到"掺水一成"的酒店喝酒进餐，而不去那家"绝不掺水"的酒店买酒。

其实同样做广告，前者有些言过其实，将话说满了，反而让人无法相信。后者如果想在广告中直言自己比前者更好似乎已经不可能，于是换个方向，往后退一步，承认自己在酒中掺了水，但与此同时也巧妙地赞誉了自己的商品。

“此路不通”就绕个圈，“这个方法不行”就换个方法，应该成为每个人的生活理念。管理大师彼得斯在写出风靡全球的《追求卓越》一书之前，曾在麦肯锡顾问公司担任顾问，他属于那种有独立见解的人，因此，在公司里有段时间属于非主流派人物。后来，他改变方法，决定由外而内建立自己的信誉。其具体做法是：对一些员工不太愿意去的外地，主动去了解情况，并和有关人士接触。这样一来，不仅能够获得新资讯，而且，仅仅一句“我实地看过了，并且就在昨天”就能增加自己说话的分量，在公司里树立自己的扎实的形象与信誉。有了这样到外界去掌握第一手资料的意识，他就拥有了其他员工不具备的优势。还使他的书更有新鲜感和权威性，更能够得到别人的承认。

在煤油炉出现之前，人们生火做饭都是使用木炭和煤。

美国一家销售煤油炉和煤油的公司，为引起人们对煤油炉和煤油的消费兴趣，在报纸上大肆宣传它的好处，但收效甚微，人们继续使用木炭和煤，煤油炉和煤油仍然无人问津。

面对积压的煤油炉和煤油，公司老板决定转换策略。他吩咐下属将煤油炉免费赠送给各家各户，不取分文。就这样，收到煤油炉的住户们尝试着使用它，而没有收到的纷纷打电话向公司询问，并索要煤油炉，在很短的时间内，积压的煤油炉赠送一空。

公司员工们十分不解老板的做法，还有的人怀疑老板是不是急“疯”了。谁知过了不久，就有一些顾客上门来，询问购买煤油的事；再后来，竟有顾客要求购买煤油炉。原来，人们在使用煤油炉后，发现其优越性较之木炭和煤十分明显。家庭主妇们在炉里原有的煤油用完后，仍然希望继续使用煤油炉，但这时公司不会再白送煤油了，他们只好掏钱向公司购买。在循环往复中，这家公司的煤油炉自然久销不衰。

这个案例，也是U形思维“此路不通绕个圈”的体现。一个卓越的人，必是一个注重思考、思维灵活的人。当他发现一条路走不通或太挤时，就能够及时转换思路，改变方法，以退为进，寻找一条更加通畅的路。这一点思维特质，就是需要我们用心学习的。

顺应变化才能驾驭变化

生活中的小事总会给我们带来许多启示。程亮从一次垂钓中就学到了不少东西。

程亮选了一处有树荫的凉爽处，架好渔竿，上好鱼饵便抛线等待。等了好长时间，却总也不见鱼上钩。而相隔5米远处的一位老者一个上午已经钓到了4条大鱼。程亮便过去向老者请教，老者听明程亮来意，笑着对他说：“小伙子，钓鱼可是一门学问呀！春钓滩、夏钓湾，鱼饵鱼线要常更换。”于是，老者向他介绍了钓鱼的经验，告诉他钓什么样的鱼，就要用什么样的鱼饵、什么样的线。线多长要随水深水浅而变化，鱼饵在钩上的摆放也要根据情况而定。即使钓同一种鱼，随着季节的变化，方法也不一样，春天有春天的方法，夏天有夏天的方法，冬天有冬天的方法……

临分别时，老者说了一句让程亮受益终生的话：“小伙子！鱼是不会听从你的安排的，它不会照着你的意思上钩。你想钓上它来，就必须改变自己，让你的方式适应鱼的习性。”

钓鱼确实是一门学问。人在岸上，鱼在水里，人怎样才能让鱼上钩呢？要让鱼上钩，就必须先了解鱼的习惯，它喜欢吃什么鱼饵、喜欢怎样吃、喜欢什么时候吃……掌握了这些情况之后，我们就要改变自己，让自己的方法尽量去适应鱼的生活习惯，这样一来，鱼就会咬钩，就会被我们钓上来。

任何事情都不会按照我们的主观意志去发展变化。我们要获得成功，就得首先去认识事物的性质和特点，然后再根据实际情况来调整改变自己的思路和行为方式。只有如此，我们才能在顺应事物变化的同时，驾驭变化，走向成功。如果我们想当然地凭自己的想法去办事，就像钓鱼不知道鱼的习性一样，注定要徒劳无功。

所以，做一切事、解决一切问题，我们都必须随着客观情况的变化而不断地调整自己，不断地采取与之相适应的方法。

几年前，有两个人在北京各自开了一家川菜馆。起初两家餐馆的生意都不错，但两位老板的思路和想法却迥然不同。一位老板总认为川菜是多年流传下来的特色菜，绝不可以更改，一改便没了特色。因此，这家餐馆总是按部就班地经营着自己的老川菜。另一位老板心眼活，他发现北京的餐饮业竞争逐渐激烈起来，喜欢老川菜的人口味也在变化。于是，他便吸收粤菜和湘菜的一些特点推出了新派川菜。这种菜肴既不失川菜的特色，又满足了人们口味的变化，因此，生意越做越火，在北京很快就有了三家连锁店。而那一位固守老川菜思路的老板仍旧维持原样，几年下来还是原地踏步，没有任何发展。

从这两位餐馆老板的故事中，我们可以看出，后一位老板之所以成功，就因为他能看清川菜在当地的发展趋势，并顺应了这一趋势，改变了自己的思路和经营方式；而前一位老板之所以没有发展，就在于他没有认识到大众口味的变化，没有去改变自己、顺应变化。

U 形思维的表现就是灵活变化，要成功地驾驭变化，就要求我们能够顺应变化，并先从改变自身开始，进而达到自己的目的。

别走进思维的死胡同

生活中，许多人都为遇到的问题而困扰不已。习惯性的思维模式使他们常常抓住一种思路不放手，大有不撞南墙不回头之势。最终，将自己逼进了思维的死胡同，无论怎样努力，都是在原地打转，而不能前进一点。

而思维灵活的人士都会针对问题的不同性质而转变思维方法，他们的思维时常是活跃的，自然，这样的人更容易取得成功。

小刘下岗后一直找不到好的工作。一天，他在漫不经心地翻阅报纸时，一则广告闯入他的眼帘，广告上写着“英雄不问出处”六个大字。那是一家报社招聘编辑、记者的广告。

小刘心想：我是他们所说的英雄吗？虽然小刘只有初中文凭，但他在不同的报纸上发表过 30 多万字的作品，所以他信心满满的。

但是，当小刘前去应聘时，却遭遇对方索要文凭，小刘哪里有什么文凭？他不解地问：“不是英雄不问出处吗？”那位同志很奇怪地看了他一眼，然后朝他后面喊“下一位”，就再也不理睬他了，他只得扫兴而归。

虽说因为文凭的事情小刘碰了不少壁，但这一次小刘偏不信这个邪，他发誓非进那家报社不可。从那以后，小刘开始大量向那家报社投稿，丝毫不计较稿费的高低。由于这家报社开了不少副刊，小刘悉心加以研究后，专门为他们量身定做，所以他的作品几乎篇篇被采用，甚至还创造过这样的“奇迹”：有一次，他们的副刊总共只有 7 篇稿子，其中 3 篇是小刘的“大作”，只是署名不一样。

于是小刘的作品被这家报社的编辑竞相争抢，常常是刚应付完文学版的差事，杂文版的差事又来了。有时候他的创作速度稍慢一点，那些编辑就会心急火燎地打电话催稿。

有一天，这家报社的一个编辑找到他，透露了他们即将扩版急需人才的消息，希望他能前去应聘。小刘对他说自己没有文凭。那位编辑表示相信小刘的水平，并说只要他想去，他就跟领导提一下。

第二天，那位编辑就给小刘打来电话，向他转达了他们领导的意思：如果他愿意，现在就可以去上班。

从这个故事中我们可以看到：当你不能通过直接的方式达到目的时，为什么不选择另一条迂回曲折的道路呢？那是比钻进死胡同要强许多的。

不懂“迂回”的人就像是被关在房间里的昆虫，会拼命地飞向玻璃窗，但每次都碰到玻璃上。在上面挣扎好久恢复神志后，它会在房间里绕上一圈，然后仍然朝玻璃窗上飞去，它也许不明白那是一个永远也飞不出去的死胡同。

许多时候，我们又何尝不像那只昆虫？一直在原地转圈，却不肯尝试另外一种途径。殊不知，另外的方法可以巧妙地解除我们的困境，引领我们踏上成功的通途。

有一位退休老人，在一所学校附近买了一栋简陋的住宅，打算在那里安度晚年。

有三个无聊的年轻人，经常在闲着无事的时候用脚踢房屋周围的垃圾桶。附近的居民深受其害，对他们的恶作剧多次阻止，结果都无济于事。时间长了，只好听之任之。

这位老人受不了这种噪音，决定想办法让他们停止。

有一天，当这三个年轻人又在狠狠踢垃圾桶的时候，老人来到他们面前，对他们说：“我特别喜欢听垃圾桶发出来的声音，所以，你们能不能帮我一个忙？如果你们每天都来踢这些垃圾桶，我将天天给你们每人50便士的报酬。”

年轻人很高兴地同意了，于是他们更加使劲地踢垃圾桶。

过了几天，这位老人愁容满面地找到他们，说：“通货膨胀减少了我的收入，从现在起，我恐怕只能给你们每人30便士了。”

这三个年轻人有点不满意，但还是接受了老人的条件，每天下午继续踢垃圾桶，可是没有从前那么卖力了。几天以后，老人又来找他们。“瞧！”他说，“我最近没有收到养老金支票，所以每天只能给你们10便士了，请你们千万谅解”。

“10便士！”一个年轻人大叫道，“你以为我们会为了区区10便士浪费我们的时间？不成，我们不干了！”

从此以后，老人和邻居都过上了安静的日子。

该怎样让这些血气方刚的年轻人停止踢垃圾桶，不再制造噪音呢？是冲出去将这些人训斥一顿，还是苦口婆心教育他们这样已经妨碍了他人的休息？恐怕这些通常人们所想到的办法都没什么效果，甚至强制性的命令只会让他们变本加厉、适得其反。

但是老人却出人意料地想出了一个好点子，起初奖励他们踢垃圾桶的行为，这是老人“退”的策略，之后逐渐降低奖励额度，也降低了年轻人的热情，从而达到了使年轻人主动放弃这一行为的结果。

U形思维从其根本特征上讲，就要求我们的思路会转弯。我们都知道，在U形管中，是不存在死胡同的，所以，我们在学习运用U形思维为人处世时，切忌将自己的思维禁锢在死胡同中，应开拓自己的思路，思路打开了，前面的路也变得广阔了。

放弃小利益，赢得大收获

一个年轻人非常羡慕一位富翁一生中在生意场上取得的成就，于是他跑到富翁那里询问他成功的诀窍。

当年轻人把来意对富翁讲了以后，富翁什么也没说，转身到起居室拿来了一个大西瓜。青年迷惑不解地看着，只见富翁把西瓜切成了大小不等的三块。富翁把西瓜放在青年面前说："如果每块西瓜代表一定程度的利益，你会如何选择呢?"说完，就指着切好的西瓜让青年随手挑一块儿。

青年眼睛盯着最大的那块说："当然是最大的那块儿了。"

"那好，请用吧。"富翁笑了笑说，然后顺便把最大的那块西瓜递给青年，自己却拿起了最小的那块。在青年还在享用最大的那一块西瓜的时候，富翁已经吃完了最小的那块。接着，富翁微笑着拿起剩下的一块，还故意在青年眼前晃了晃，大口吃了起来。

其实那块最小的和最后一块加起来要比最大的那一块大得多。

青年明白了富翁的意思，虽然富翁吃的西瓜没有自己的大，却比自己吃的要多。

富翁这种"放弃小利益，赢得大收获"的做法正是巧妙运用U形思维的结果，暂时的退只是为了下一步的进，而且是更大步伐的前进。

日本丰田汽车公司曾为了稳定在日本的销售市场，深谋远虑，从解决城市的汽车与道路的矛盾入手，先后成立了"丰田交通环境保护委员会"，在东京车站和品川车站首次修建"人行道天桥"；还投资3亿日元在东京设立了120处电子计算机交通信号系统，使交通拥挤现象得到缓解；另外还投资创立了汽车学校培养更多人学会开车；还为儿童修建了汽车游戏场，从小培养他们的驾驶本领。良苦用心最终如愿以偿，汽车销量日益增多，公司效益也相当可观。

丰田缘何营销成功?一言以蔽之：采取"放弃小利益"的以迂为直的营销策略。此招，乍一看，似乎他们所做的种种事都是"赔本买卖"，投入了大量资金"做好事"，却不提"卖车"，其实，此乃"醉翁之意不在酒"，这是一种迂回战术。小的投入获取的将是大的回报。

这个事例告诉我们，在利益面前切不可“近视”，只看到眼前的小利，而丢掉长远的利益。短期的投入，看似与收入不成正比，但时机成熟时，必会获得回报。

美国有一家经营新型剃须刀的公司，曾答应经营客户通过新闻等媒体为新剃须刀大力促销。然而，后来这家公司由于内部亏损即将倒闭而被另一公司买下，由于当时审查广告的机构对剃须刀是否是医疗用品争论不休，宣传活动被迫取消。为此客户声明要退回剃须刀。收回剃须刀，对一个刚刚收买来的毫无经济实力的公司来说，无疑是一个沉重的打击，这意味着将危害到公司的贷款合约，被银行抽回资金；然而不收回剃须刀，则与客户建立的关系将毁于一旦。在进退两难之际，公司新的负责人为了不失掉最大潜在客户，只好采取“退”的决策，同意收回剃须刀，同时积极与银行交涉，力争把损失减到最低限度。按正常发展速度估计，同意退回后，还需经过大致两个月的文书往返，到那时回来的退货已经少了很多，再加上退货之后，还有一个月才需要退还货款，到3个月后，公司一切都已走上了正轨，有能力消化这些损失。和银行方面达成协议之后，结果如预料的那样。3年后，公司业务蒸蒸日上，良好的信誉使这家客户占公司业务的50%，而不是原来的20%。这就是退一步虽失小利，终获大利。

运用U形思维，它的要领在于不计当前利益，着重长远利益，吃小亏，占大便宜。所有的退却都是为将来更大的发展做铺垫。生活中有些人只顾眼前收获而没有长远打算，这是一种不明智的行为。有时，一些弯路是必走的，迂回而行比盲目向前要可靠得多。

第十四章　灵感思维

——阿基米德定律就是这样发明的

引发自己的灵感

1805年，法国和奥地利重燃战火，两国军队在莱茵河两岸隔河对峙。法国统帅拿破仑想炮击奥军，但必须首先知道莱茵河的宽度，炮弹才能准确地命中目标。可怎样才能测量这条大河的宽度呢？最方便的办法自然是坐船测量，可这显然行不通。

拿破仑站在河岸踌躇良久，一时想不出妥当的办法。忽然，他在向对岸眺望时，发现莱茵河对岸的边线在自己的视线中正好擦过头上戴的军帽帽舌的边缘。拿破仑顿时灵机一动，一步步地向后退去，直到他刚才站立处的莱茵河的边线在视线中同样正好擦过自己的帽檐。拿破仑丈量了这两者之间的距离，这就是莱茵河的宽度。

是什么引发拿破仑想出了这样一个巧妙的方法呢？是灵感。

所谓灵感，指的是当人们研究某个问题的时候，并没有像通常那样运用逻辑推理，一步一步地由未知达到已知，而是一步到位，一眼看穿事物现象的本质。至于这个想法是怎样来到的，谁也说不清楚，"反正是一下子想到的！"。

灵感是一位不速之客。我们可以在任意时刻有意识地运用其他思维方法，但是却不能规定自己在哪一天哪一时刻产生灵感。当你翘首企盼时，它杳如黄鹤；在你毫无准备时，它却可能翩然而临。

灵感常常不期而遇，“众里寻他千百度，蓦然回首，那人却在，灯火阑珊处”。

灵感的产生往往伴随着激情，它会使创造者欣喜若狂，使他们的思维空前活跃，进入一种如痴如醉的状态。

2000多年前，古希腊希洛王请人制造了一顶皇冠，他怀疑制造者掺了白银，但由于皇冠重量与原先国王交给的黄金重量相等，因此拿不出证据，于是便请阿基米德来鉴定。

由于皇冠的形状极不规则，阿基米德在接受这个任务后，冥思苦想，不得要领。

有一天，阿基米德躺入澡盆洗澡时，由于澡盆中水加得太满，溢出了一些。

为皇冠问题困扰多日的阿基米德豁然开朗：因为一定重量银的体积比同重量的黄金要大，如果皇冠中掺了白银，那么它排出的水肯定比同重量的黄金多!

想到这里，阿基米德跳出澡盆，向王宫奔去，边跑边喊：“找到了！我找到了……”

于是，科学界又多了个阿基米德定律。

灵感是在人们头脑中普遍存在的一种思维现象，同时它也是一种人人都能够自觉加以利用的思维方法。有些人说自己从未出现过灵感，这主要是因为他们还不了解什么是灵感，因而即使头脑中已经出现了灵感，也往往会感觉不深，把握不住。其实，只要对灵感现象的机制、特点，及其出现的某些规律有所了解，并且有一定的捕捉和利用灵感的精神准备与敏感，那么每一个人都可能会惊喜地发现：自己已经或正在品尝到灵感的甘露。

灵感是科学发现和发明的“助产士”

灵感思维方法在科学研究和发明中的作用是人所皆知的，有关这方面的事例不胜枚举。因此，灵感思维对于科学发现和发明来说，有如火花、催化剂、助产士一样，不断地催生一批又一批的发明成果。

下面，我们来看看灵感思维是怎么帮助发明大王诺贝尔发明安全炸药的。

早在诺贝尔之前，意大利一位著名的教授就在1847年发明了制造炸药的原料硝化甘油。但是，因为它的稳定性实在差，稍微受到震动就发生爆炸，因此很难应用到实际生活和生产当中。

诺贝尔年轻的时候就表现出了化学方面的才能，他继续研究液体炸药硝化甘油，希望把它应用在矿山和隧道的施工中。但是硝化甘油爆炸性太强，在试验中多次发生爆炸，他最小的弟弟埃米尔和另外4个人都被炸死了。瑞典政府禁止他重建被炸毁的工厂。他被迫到湖面上的一艘驳船上进行试验，以寻求减少硝化甘油因为震动而发生爆炸的机率的方法。

偶然有一天，在他从火车上搬下装有硝化甘油的铁桶时，发现滴落在沙地上的硝化甘油立即被沙子吸收了。他感到很奇怪，于是用脚去踩那吸附了硝化甘油的沙子，发现了硝化甘油凝固在沙子里，而未见其爆炸。于是，他欣喜若狂地喊："我找到了！"后来，他继续研究，以硅藻土作吸附剂，使这种混合物得以安全运输。在此基础上，他又发明了改进的黄色炸药和雷管。

灵感可以促使新发现与发明的产生，而且能助人成功，因而成为大家欢迎的贵客。但是，它却只喜欢拜访勤奋的主人。

俄国画家列宾说："灵感是对艰苦劳动的奖赏。"

德国哲学家黑格尔说："即使是最高的天才，朝朝暮暮地躺在草地上，眼望天空，让微风吹拂……灵感也不会光顾到他。"

伟大的音乐家柴可夫斯基也说："毫无疑问，甚至最伟大的音乐天才，有时也会为缺乏灵感所苦恼。灵感是一个客人，不是一请就到的。在这当中，就必须要工作，一个诚实的艺术家绝不能交叉着手坐在那里……必须抓得很紧，有信心，那么灵感一定会来。"这里说得很清楚，你要获得灵感就必须勤学苦练，绝对不能坐在那里消极等待。

别以为灵感只属于学识渊博的科学家和艺术家。其实只要努力，普通人也同样能得到它。

我国有一位五年级的小学生方黎，看到普通的篮球架只有一个球篮，而且高度是固定的，使用起来很不方便。她想设计一种“多用升降篮球架”：一个球架上安装四个篮圈，并且可以升高降低，使更多的同学，包括低年级的同学能够同时练习投篮。在这项发明中，她看到妈妈调节落地风扇的高度，突然受到启发，想出了使篮球架随意升降的办法。

灵感对于我们来说并不陌生，是每一个人的头脑中都会产生的。但并非每一个人都能够及时地把握住突发的灵感，这除却我们有创造的激情与勤奋努力外，还需要高度集中的注意力，只有专注才能抓住转瞬即逝的灵感，并将它运用到创造之中。

灵感是长期思索酝酿的爆发

灵感，具有瞬时突发性与偶然巧合性的特征。诗人、文学家的“神来之笔”，军事指挥家的“出奇制胜”，思想战略家的“豁然贯通”，科学家、发明家的“茅塞顿开”等，都说明了灵感的这一特点。而实际上，它也是长时间思索的结果。也许问题一直没有得到解决，但头脑却一直没有停止思索，只不过将其转到了潜意识中。当突然受到某一事物的启发，问题就一下子解决了。

法国著名数学家彭加勒曾用很长的时间来研究一个艰难的数学难题，百思不得其解。于是他决定到乡间去休息一下。当他上车的时候，后脚还没踏上汽车，脑海突然涌现出一个设想——非欧几何学的变换方法，这与他所研究的那个难题是一样的。真应了那句“踏破铁鞋无觅处，得来全不费工夫”。

灵感的珍贵之处突出地表现在高能高效、创新性和创造性上。我们常常会有这样的体验：我们经常遇到一些百思不得其解的疑难问题或长期悬而未决的棘手问题，在灵感突然爆发的瞬间迎刃而解，使我们有一种茅塞顿开、豁然开朗之感，那些苦苦思索、求之不得的答案瞬间展现在人们面前。灵感的闪现既激动人心又扣人心弦，因为灵感所提供的答案往往是我们经过长期思索、有时是花费数十年思考的心血在瞬间爆发而得到的，潜意识在激活知识和信息等素材的过程中，长期蓄积起来的思维能量终于冲破各种思维阻力而使“灵感火山”得以爆发，“灵感火山”在爆发时往往伴随着精神振奋、情绪亢奋，带给人们创造成功的极大快乐。

灵感的瞬间爆发是以长期的艰苦探索、长期的思考酝酿为基础的。从灵感产生的过程来看，灵感的酝酿往往有一个因人而异、长短不一的潜伏期，它的出现以飞跃性顿悟——灵感突现为标志，即：在百思不得其解之后突然悟出一个问题的绝妙答案或解决方案。一般来说，从对难题开始思考到产生飞跃性顿悟之间，显意识思维经历了“思考”和“思考中断”两个阶段，逻辑思考的中断实际上仅仅是显意识思维的“休眠”，实际上潜意识思维仍然在悄悄地工作，这种以潜意识思维孕育灵感的时间段可以是数日、数月，也可能长达数年甚至更长时间。

世界上很多伟大的发明、优秀的文艺作品都是创造者顽强的、坚韧的创新性劳动的结晶。没有巨大的劳动做准备，根本不可能有任何灵感的产生。灵感是在创造性劳动中出现的心理、意识的运动和发展的飞跃现象，这种飞跃现象是心理、意识由量变到质变的转化的结果。所以说：灵感思维就是善于把自己的内部世界导入创造性活动的心理状态。

曾有一个记者问门捷列夫：“您是怎么发现元素周期律的?”他回答道：“这个问题我考虑了近20年，而你却认为，坐着不动，突然成功了！事情并不是这样的!”

由此可见，灵感的瞬间爆发是以长期的艰苦探索、长期的思考酝酿为基础的，而并非真的是“突发奇想”的“神来之笔”，而是长期思考的结果。就像一位有着诸多发明创造经历的创新者被问到为何能有如此成就时，他的回答是：“只因我时刻在准备创造。”就因为有着“十个月的”努力准备，才会迎来“一朝分娩”的喜悦，而这种准备既包括实际的物质研究，也包括创造者的心理准备。

因他人点化突发灵感

我们常常在阅读或与他人的交谈中，因一句话的启发而茅塞顿开，思路泉涌，这种类型的灵感称为点化型灵感。

这种类型的灵感在发明创造方面有着重要的应用价值。

前苏联火箭专家库佐廖夫为解决火箭上天的推力问题而苦恼万分，食不甘味，夜不能寐，当他的妻子得知原因后，说：“此有何难呢，像吃面包一样，一个不够再加一个，还不够，继续增加。”他一听，茅塞顿开，采用三节火箭捆绑在一起进行接力的办法，终于解决了火箭上天的推力难题。

桑拜恩是瑞士著名的化学家。他在发明烈性火药时没有实验场所，只好用自己家里的厨房，因为这样做很危险，所以遭到妻子的一再反对。一次桑拜恩在妻子外出时偷偷在厨房做实验，正当他在炉子上加热硫酸和硝酸混合液的时候，听到妻子由远而近的脚步声，他赶紧把实验器皿收起来。情急之中，把一只装酸的坩埚打破了，酸液流淌满地。为了不让妻子发现，他顺手拿起妻子的棉布围裙，把炉子和地板上的酸迹揩尽。后来，他用水洗了围裙，打算挂在炉子上烘干，这时，却只听“噗”的一声，围裙着火，烧得一干二净，却没有一丝烟雾。桑拜恩见此大受启发，脑子豁然开朗，于是发明了“火药棉”。

相传我国著名书法家郑板桥，未成名时，成天琢磨前辈书法大家的体势，总想写得与前辈书法家一模一样。一天晚上睡觉，手指先在自己身上练字，朦胧之中手指写到妻子身上，妻子被惊醒，生气地说："我有我体，你有你体，你为何写我体！"他从妻子的话中马上得到启示——应该写自己的一体，不能一味学人。在这个思想作用下，他刻苦用功，朝夕揣摩，终于成了自成一家的一代名书法家。

思想家罗素曾经说过："机遇偏爱那些有准备的人。"在科学史上，经常有一些偶然事件出现，从而引起了一些重大的发现，了解这些对我们思维的提升是大有益处的。

下面这个故事中的主人翁也是因为一个偶然事件的启发而使工作走上了通畅的轨道的。

晓兰在一家广告公司做了快两年，可是觉得有些泄气，凭着著名大学本科的学历进入这家公司，她很希望能好好表现一番，可是始终拿不出可以让她扬眉吐气的成绩来。

最近，一位比她资历还浅的学妹，竟然因为一个很有创意的方案，不但让客户十分满意地和公司签下了长期合约，而且还得了广告创意大奖。晓兰觉得颜面有些挂不住了，心灰意冷地打算辞职另找其他性质的工作。

"我太笨了！可能不适合干这行。"因为心情不好影响到了身体，晓兰擤着鼻涕坐在医院的候诊室里，心中还不住地嘀咕。

"广告学的理论我都背得滚瓜烂熟，技术也不输人家，可是为什么做出来的东西都是那么死板？"想着想着，晓兰不由自主地叹了口气。

她使劲儿擤着鼻涕，两眼无神地望着前方。医生迟到了，匆匆进入了诊疗室。忽然，晓兰捏皱了口袋中拟好的辞职信，站起来就往外走。

过了几个星期，晓兰的广告公司推出了这样一个电视广告。

一位身穿手术衣帽并戴着口罩的大夫，正紧皱眉头专心动手术，四周的气氛紧张而凝重。护士不停地为医生擦拭额头上的汗。只见他伸手接过一把剪刀，再一伸手接过一把刀子，过了一会儿又一伸手接过一个瓶子往下倒……医生手持瓶子，拉下口罩，注视着自己的杰作，满意地笑了。

镜头一转，他的杰作竟然是一锅让人垂涎三尺的螃蟹。

这时唯一的一句旁白响起：“只有××牌调味料，才能让你大显身手!”

这个佳作可是晓兰在诊室的那一刻受到启发想出来的点子呢!

点化型灵感，重在“点化”二字，如何得到点化也成了能否获得点化型灵感的关键。这从侧面要求我们得养成良好的习惯，如读书。人们都说“书中自有黄金屋”，往往书中的一句话、一个理念便可以给我们带来很大的触动，激发出创意之光。与人交谈同样是获取灵感的途径，我们常说“听人一席话，胜读十年书”，他人的观点也许并不系统，他人的话语也许并非有所指，而往往正是无心之语，被有心人听到，也可以引发一场创意的革命。获得灵感还要求我们善于观察、认真思考，保持思维的敏感度和灵活度，将看到的、听到的偶然之事、偶然之言与自己关注的领域相结合，促使我们得出不一般的创见。

恍然大悟中的灵感

我们常常有这样的体验：当一个问题长久难以解决而被搁置后，在某一时刻，也许与此时我们所思考的问题无关，却会突然间对之前的那个问题有了全面透彻的理解。我们把突然的、意想不到的感觉或理解叫做顿悟型灵感。

顿悟型灵感是由疑难而转化为顿悟（恍然大悟）的一种特殊的心理状态。一闪而过，稍纵即逝。

灵感不能确定预期，难以寻觅，它的降临往往是突如其来的。

达尔文回忆说：“我能记得那个地方，因为，当时我坐在马车里，突然想到了一个问题的答案。”数学家高斯也曾说过，他求证很多年，一直没有解决的难题，终于在两天内成功了……一下解开了，他也说不清这是什么原因。

顿悟型灵感往往就是一刹那的，有时我们甚至说不出它源于何处，但抓住它，也许就能成功，错过它，也许就成了永远的遗憾了。许多发明创造者都有过神奇的“顿悟”经历。

有一天，正为如何显示高能粒子运动轨迹发愁的美国核物理学家格拉肖在餐厅喝啤酒时，不小心将手中的鸡骨掉到啤酒杯里。随着鸡骨逐渐下沉，周围不断冒出啤酒的气泡，因而显示出了鸡骨的运动轨迹。格拉肖见此情景，灵机一动，他想：若用高能粒子所能穿透的介质来代替啤酒，再用高能粒子来代替鸡骨，是否就能显示高能粒子的运动轨迹呢？格拉肖带着这种设想积极地投入到研究中去，终于发现带电高能粒子在穿越液态氢时，同样会出现气泡，从而清晰地显示出粒子的飞行轨迹，发明了液态气泡室。

以发明袖珍电脑和袖珍电视闻名的英国发明家辛克莱在谈到怎样设计出袖珍电视时，曾这样写道：我多年来一直在想，怎样才能把显像管的“长尾巴”去掉。有一天，我突然来了灵感，巧妙地将“尾巴”做成了 90 度弯曲，使它从侧面而不是后面发射电子，结果就设计出了厚度只有 3 厘米的袖珍电视机。

或许每个人都曾经有过虽然萌发了良好的构思，却没有进一步发展的经历。在这种情况下，不妨将它搁置十多天，甚至一个月，在这段时间内，这些构思会在头脑的潜意识中得到酝酿，然后豁然开朗地找到解决之道。

如果你百思不得其解，这就代表所面临的问题超出了大脑的理论处理能力。此时，你最好对大脑中所储存的记忆，即过去的经验等各种概念、印象加以总动员。

如果在这种时候仍是一味地思考，不但无法发挥大脑的功能，而且只会浪费时间、徒增疲劳而已。其实，你不妨干脆将这些构思搁置一段时间，在此期间，大脑会在潜意识中追溯、寻找潜在的和以往的情报（概念或印象），持续进行与你的构思相结合的工作。虽然你可能以为自己渐渐远离了原先的构思，但其实你的大脑却拼命地在思索着。这段持续期间就称为“酝酿”。此时，如果潜在性地储存在你的大脑中的过去的情报能够与现在面对的课题相结合，你就会在此瞬间内爆发出灵感。

由此，我们可以知道，顿悟型灵感的产生是基于长时间的思考的。将问题暂时搁置并不意味着停止思考，而是在潜意识中一直在努力寻找突破口，思考成熟之时，也正是创意产生之时。

来自梦幻的启发

有一种灵感叫创造性梦幻，即是从梦中情景获得有益的“答案”，推动创造的进程。

在汉朝，传说司马相如要给汉武帝献赋，可是不知献什么好。夜里他梦见一位黄胡须的老者对他说：“可为《大人赋》。”司马相如醒后，真的按梦中所示，献上《大人赋》，结果受到了汉武帝的赏赐。

宋朝诗人陆游，以《记梦》《梦中作》为题的诗稿，在其全集中多达 90 余首。其中有一首诗的题目是：《五月十一日夜且半，梦从大驾亲征，尽复汉唐故地，见城邑人物繁丽，云西凉府也喜甚，马上作长句，未终篇而觉，乃足成之》。从这首诗的题目中，我们便可以看出他是如何在梦中吟诗作赋，进行文学创作的。

苏东坡在梦中也多有佳作产生，仅《东坡志林》一书，就记载着他在梦中作诗作文的许多材料。例如：“苏轼梦见参寥诗”“苏轼梦赋《裙带词》”“苏轼梦中作祭文”“苏轼梦中作靴铭”，等等。

宋朝许彦周在《诗话》中曾说：“梦中赋诗，往往有之。”

我国古代的许多诗人、文学家都有梦中赋诗、改诗、作文、评句的记载。其实不仅是文学创作如此，其他的发明创造亦有许多是得益于梦的。

美国宾夕法尼亚大学的希尔普·雷西特是楔形文字的破译者。他在自己的自传中写道：

到了半夜，我觉得全身疲乏极了！于是，上床睡觉，不久就睡熟了。朦胧之中，我做了一个很奇异的梦——一个高高瘦瘦的、大约40来岁的人，穿着简单的袈裟，很像是古代尼泊尔的僧侣，将我带至寺院东南侧的一座宝物库。然后我们一起进入一间天窗开得很低的小房间。房间里，有一个很大的木箱子，和一些散放在地上的玛瑙及琉璃的碎片。

突然，这位僧侣对我说：你在22页和26页分别发表的两篇文章里，所提到的有关刻有文字的指环，实际上它并不是指环，它有着这样一段历史：某次，克里加路斯王（约公元前1300年）送了一些玛瑙、琉璃制的东西，和上面刻有文字的玛瑙奉献筒给贝鲁的寺院。不久，寺院突然接到一道命令：限时为尼尼布神像打造一对玛瑙耳环。当时，寺院中根本没有现成的材料，所以，僧侣们觉得非常困难。为了完成使命，在不得已的情况下，他们只好将奉献筒切割成三段。因此，每一段上面，各有原来文章的一部分。开始的两段，被做成了神像的耳环，而一直困扰你的那两个破片，实际上就是奉献筒上的某一部分。如果你仔细地把两个破片拼在一起，就能够证实我的话了。

僧侣说完了以后，就不见了。这个时候，我也从梦中惊醒过来。为了避免遗忘，我把梦到的细节，一五一十地说给妻子听。第二天一早，我以梦中僧侣所说的那一段话作为线索，再去检验破片，结果很惊奇地发现，梦中所见到的细节，都得到了证实。

俄国化学家门捷列夫也有类似的经历，为探求化学元素之间的规律，研究和思考了很长的时间，却未取得突破。他把一切都想好了，就是排不出周期表来。为此他连续三天三夜坐在办公桌旁苦苦思索，试图将自己的成果制成周期表，可是没有成功。大概是太劳累的缘故，他便倒在桌旁呼呼大睡，想不到睡梦中各种元素在表中都按它们应占的位置排好了。一觉醒来，门捷列夫立即将梦中得到的周期表写在一张小纸上，后来发现这个周期表只有一处需要修正。他风趣地说："让我们带着要解决的问题去做梦吧！"

为什么在清醒状态下百思不得其解，而在梦中却会得到创造性的启示呢？其实，这并非什么奇异现象。当个体处于睡眠状态时，并不等于机体的绝对静止，它的新陈代谢过程仍在缓慢进行，此时的思维活动不但在进行，而且它超越了白天清醒状态缠绕于头脑中的"可能与不可能""合理与不合理""逻辑与非逻辑"的界限，而进入一个超越理性、横跨时空的自由自在的思维状态，使我们获得了无限智慧。

因受启示而创造

一家化学实验室里，一位实验员正在向一个大玻璃水槽里注水，水流很急，不一会儿就灌得差不多了。于是，那位实验员去关水龙头，可万万没有想到的是水龙头坏了，怎么也关不住。如果再过半分钟，水就会溢出水槽，流到工作台上。水如果浸到工作台上的仪器，便会立即引起爆裂，里面正在起着化学反应的药品，一遇到空气就会突然燃烧，几秒钟之内就能让整个实验室变成一片火海。实验员们面对这一可怕情景，惊恐万分，他们知道谁也不可能从这个实验室里逃出去。那位实验员一边去堵住水嘴，一边绝望地大声叫喊起来。这时，实验室里一片沉寂，死神正一步一步地向他们靠近。

就在这时，一名女实验员突然想到这种场景与"司马光砸缸"很是相似，便将手中捣药用的瓷研杵猛地投进玻璃水槽里，"叭"的一声水槽底部砸开了一个大洞，水直泻而下，实验室里一下转危为安。

这种因为受到别人或某种事件或现象原型的启示，激发了创造性思维，叫启示型灵感。

如科研人员从科幻作家儒勒·凡尔纳所描绘的“机器岛”原型中得到启示，产生了研制潜水艇的设想，并获得成功。

下面这个故事也体现了启示型灵感的妙处。

19 世纪 20 年代，英国要在泰晤士河修建世界上第一条水下隧道。但在松软多水的岩层挖隧道很容易塌方。有一次，一位工程师正为此发愁，无意中看见一只小小的昆虫在它外壳的保护下，钻进了坚硬的橡树树身。这一情景，引发了工程师的灵感：可不可以采用小虫子的办法呢？他决定改变传统的先挖掘再支护的施工办法，而先将一个空心钢柱体（构盾）打入岩层之中，然后再在这构盾下施工。

受小小昆虫的启发，工程师解决了英国水下施工历史上的一个大难题。

如果这个工程师没有在为挖隧道塌方发愁，那么，昆虫的启示再好，也是对工程师不起作用的。所以，要想启示能起作用，必须自己在进行某项技术或产品的研究和开发。这正是我们常说的外因通过内因而起作用。

能启示一个人灵感的机会很多，怎样才能抓住它们呢？唯一的办法就是不轻易放过每一个对你有用的现象。

一位在美国新泽西州卡姆典应用研究实验所工作的科学家，有一天要到河边去钓鱼。到河畔时，他看见一只青蛙静伏在石头上。这是很平常的现象，但他却像着了魔似地注意看它。他看见小昆虫飞来时，青蛙即伸出长舌巧妙地捕食小虫。

“为什么动作这样敏捷呢？”他心里想。从此以后，他整整两年时间，解剖青蛙的眼睛和脑；研究其筋肉的功能。结果发现青蛙的眼睛和人类的眼睛有很大的差异。

研究所根据他的发现，制造了相当于青蛙网膜和神经的电子工学仪器，创造了人造青蛙眼睛。

完成的人造青蛙眼睛，重量约几公斤。但美国空军却以 20 万美元的价格收买了。因为它成了比雷达更能正确地捕捉到以 16000 公里时速飞来的导弹之探测装置的基础。

如果这位工程师忽略了那只青蛙捕食的现象，那么，他就不可能发明人造青蛙眼睛了。

启示型灵感总会使我们有许多创见，某一事物对我们能够有所启示，是因为我们深刻地理解了它的内涵，掌握了它的规律。这也就要求我们在学习某方面知识时认真思考，深度挖掘它的本质，也许这些知识，对目前的学习和工作没有带来大的改善，但是，也许，日后的某一天它会成为某项创造性行为的灵感源泉。

产生于一张一弛的遐想型灵感

遐想型灵感，即是紧张工作之余，大脑处于无意识的宽松休闲情况下而产生的灵感。

有人曾对 821 名发明家作过调查，发现在休闲场合产生灵感的比例比较高。

从科学史看，在乘车、坐船、钓鱼、散步或睡梦中都可能会涌现灵感，给人提供新的设想。

达尔文在有了进化论的基本概念之后的一天，正在阅读马尔萨斯的《人口论》以作为休息。这时，他突然想到：在生存竞争的条件下，有利的变异可能被保存下来，而不利的则被淘汰。他把这个想法记了下来。后来又有一个重要问题未得解释，即由同一原种繁衍的机体在变异的过程中有趋异的倾向。而这个问题也是他在类似的情况下解决的。

德国物理学家亥姆霍兹说：“在对问题做了各方面的研究以后，巧妙的设想不费吹灰之力意外地到来，犹如灵感。”

他发现的这些设想，不是在精神疲惫或是伏案工作的时候，而往往是在一夜酣睡之后的早上，或是当天气晴朗缓步攀登树木葱茏的小山之时想到的。

还有些科学家的灵感和顿悟发生在病榻之上，爱因斯坦关于时间空间的深奥概括是在病床上想出来的。生物学家华莱士关于进化论中自然选择的观点是在他发疟疾时想到的。这真是：踏破铁鞋无觅处，得来全不费工夫！

蒸汽机的发明者瓦特，发明了蒸汽机上的分离凝结器。青年时代的瓦特在英国格拉斯哥大学修一台纽可门蒸汽机时，发现它有严重的缺点：气筒外露，四周冷空气使其温度逐渐下降，蒸汽放进去，没等气筒热透，就有相当一部分变成水了，使得大约 3/4 的蒸汽白白浪费。瓦特下决心要解决气筒温度、热效率的问题。他整天研究着、思索着、探讨着，时间一天天过去，解决的答案却无影无踪。在一个夏日的早晨，瓦特起床后，漫步在空气清新、花香鸟语的大学校园里，时而仰望广阔的天空，时而平视熟悉的操场。突然，如同电光一闪，头脑中一个清晰的思想出现了：在气筒外边加一个分离凝结器。这使得瓦特豁然开朗，立即回工作室夜以继日地实验、研究，终于制成了分离凝结器，这才诞生了现代意义上的蒸汽机。

灵感的一时闪现是长久努力积累的成果在意识中的迸发。它需要我们对所研究的问题保持浓厚的兴趣，而且，很重要的一点是：要保持意念的单纯，摒除心中的杂念，在深思熟虑之余要适时让大脑休整一下，一旦产生灵感，便敏锐地捕捉到它，不要让与稍纵即逝的思想火花失之交臂。

画家达·芬奇在创作《最后的晚餐》时，会连日在画架上工作，也会一声不响就停下来休息。达·芬奇善于让工作和休息轮番上阵，酝酿出完美的艺术创作。

遐想型灵感产生于这一张一弛中，紧张的思索使注意力集中于问题的核心，闲适的放松可以使思绪天马行空，产生更多的想法和点子，这二者是相辅相成的。正如《达·芬奇 7 种天才》一书中所说的，“找出你的酝酿节奏，并学着信赖它们，此是通往直觉和创造力的简单秘诀”。

第十五章　辩证思维
——真理就住在谬误的隔壁

简说辩证思维

有一天，苏格拉底遇到一个年轻人，他正在向众人宣讲“美德”。苏格拉底就向年轻人去请教：“请问，什么是美德？”

年轻人不屑地看着苏格拉底说：“不偷盗、不欺骗等品德就是美德啊！”

苏格拉底又问：“不偷盗就是美德吗？”

年轻人肯定地回答：“那当然了，偷盗肯定是一种恶德。”

苏格拉底不紧不慢地说：“我在军队当兵，有一次，接受指挥官的命令深夜潜入敌人的营地，把他们的兵力部署图偷了出来。请问，我这种行为是美德还是恶德？”

年轻人犹豫了一下，辩解道：“偷盗敌人的东西当然是美德，我说的不偷盗是指不偷盗朋友的东西。偷盗朋友的东西就是恶德！”

苏格拉底又问：“又有一次，我一个好朋友遭到了天灾人祸的双重打击，对生活失去了希望。他买了一把尖刀藏在枕头底下，准备在夜里用它结束自己的生命。我知道后，便在傍晚时分溜进他的卧室，把他的尖刀偷了出来，使他免于一死。请问，我这种行为是美德还是恶德啊？”

年轻人仔细想了想，觉得这也不是恶德。这时候，年轻人很惭愧，他恭恭敬敬地向苏格拉底请教什么是美德。

苏格拉底对年轻人的反驳运用的就是辩证思维。辩证思维是指以变化发展视角认识事物的思维方式，通常被认为是与逻辑思维相对立的一种思维方式。在逻辑思维中，事物一般是“非此即彼”“非真即假”，而在辩证思维中，事物可以在同一时间里“亦此亦彼”“亦真亦假”而无碍思维活动的正常进行。

谈到辩证思维，我们不能不提到矛盾。正因为矛盾的普遍存在，才需要我们以变化、发展、联系的眼光看问题。就像苏格拉底能从年轻人给出的美德的定义中找到诸多矛盾，就是因为年轻人忽视了辩证思维，或者他并不懂得应该辩证地看待事物。

我们的生活无处不存在矛盾，也就无处不需要辩证思维的运用。

从下面的故事中你也许可以体会出矛盾的普遍性，以及辩证思维的奇妙之处。

从前有一个老和尚，在房中无事闲坐着，身后站着一个小和尚。门外有甲、乙两个和尚争论一个问题，双方争执不下。一会儿甲和尚气冲冲地跑进房来，对老和尚说：“师傅，我说的这个道理，是应该如此这般的，可是乙却说我说得不对，您看我说得对还是他说得对？”老和尚对甲和尚说：“你说得对！”甲和尚很高兴的出去了。过了几分钟，乙和尚气愤愤地跑进房来，他质问老和尚说：“师傅，刚才甲和我辩论，他的见解根本错误，我是根据佛经上说的，我的意思是如此这般，您说是我说得对呢？还是他说得对？”老和尚说：“你说得对！”乙和尚也欢天喜地的出去了。乙走后，站在老和尚身后的小和尚，悄悄地在老和尚耳边说：“师傅，他俩争论一个问题，要么就是甲对，要么就是乙对，甲如对，乙就不对；乙如对，甲就肯定错啦！您怎么可以向两个人都说你对呢？”老和尚掉过头来，对小和尚望了一望，说：“你也对！”

故事中的主人公并非是非不分，而是两位小和尚从不同角度对问题的理解都是正确的。这也说明了我们的生活中许多事物并不只存在一个正确答案，若尝试用辩证思维去思考，往往会看到问题的不同维度，也就会得到许多不同的见解，而不致视角产生偏颇。

对立统一的法则

在生活中，我们找不到两片完全相同的树叶，同样，也不存在绝对的对与错。所有的判断都是以一个参照物为标准的，参照物变化了，结论也就变化了。这使得事物本身存在着矛盾，而这个对立统一的法则，是唯物辩证法的最根本的法则。

著名的寓言作家伊索，年轻时曾经当过奴隶。有一天他的主人要他准备最好的酒菜，来款待一些哲学家。当菜都端上来时，主人发现满桌都是各种动物的舌头，简直就是一桌舌头宴。客人们议论纷纷，气急败坏的主人将伊索叫了进来问道："我不是叫你准备一桌最好的菜吗？"

只见伊索谦恭有礼地回答："在座的贵客都是知识渊博的哲学家，需要靠着舌头来讲述他们高深的学问。对于他们来说，我实在想不出还有什么比舌头更好的东西了。"

哲学家们听了他的陈述都开怀大笑。第二天，主人又要伊索准备一桌最不好的菜，招待别的客人。宴会开始后，没想到端上来的还是一桌舌头，主人不禁火冒三丈，气冲冲地跑进厨房质问伊索："你昨天不是说舌头是最好的菜，怎么这会儿又变成了最不好的菜了？"

伊索镇静地回答："祸从口出，舌头会为我们带来不幸，所以它也是最不好的东西。"

一句话让主人哑口无言。

在不同的时间、不同的地点，对不同的对象，最好的可以变成最坏的，最坏的亦可变成最好的。这就是辩证的统一。

还有一个故事，可以让我们领会到应如何运用对立统一法则。

海湾战争之后，一种被称之为 M1A2 型坦克开始装备美军。这种坦克的防护装甲是当时世界上最坚固的，它可抵抗时速超过 4500 千米、单位破坏力超过 13500 千克的打击力量。那么，这种品质优异的防护装甲是如何研制成功的呢？

乔治·巴顿中校是美国陆军最优秀的坦克防护装甲专家之一。他接受研制 M1A2 型坦克装甲的任务后，立即找来了一位"冤家"作为搭档——著名破坏力专家迈克·舒马茨工程师。两人各带一个研究小组开始工作。所不同的是，巴顿所带的研制小组，负责研制防护装甲；舒马茨带的则是破坏小组，专门负责摧毁巴顿研制出来的防护装甲。

刚开始，舒马茨总是能轻而易举地把巴顿研制的坦克炸个稀巴烂。但随着时间的推移，巴顿一次次地更换材料，修改设计方案，终于有一天，舒马茨使尽浑身解数也未能破坏这种新式装甲。于是，世界上最坚固的坦克在这种近乎疯狂的"破坏"与"反破坏"试验中诞生了。巴顿与舒马茨也因此而同时荣膺了紫心勋章。

利用"破坏"与"反破坏"的矛盾关系制造坦克装甲的过程，也就是利用辩证思维中对立统一法则，巧妙处理事物的矛盾的过程。这也是在告诉我们，当事物的一个方面对我们不利时，可以考虑将它的两方面特性统一起来，使其互相补充、互相促进。

真理就住在谬误隔壁

西方有一则寓言。

"砰！砰！砰！"一个匆匆而过的路人急切地敲打着一扇神秘的门。

不久门开了。

“你找谁?”门里的人问。

“我找真理。”路人答。

“你找错了，我是谬误。”门里的人“砰”的一声把门关上了。

路人只好继续寻找。

他蹚过了很多条河流，翻过了很多座高山，风餐露宿，历尽艰难，可就是迟迟找不到真理。后来，他想，既然真理和谬误是一对冤家，那说不定谬误知道真理在哪儿。

于是他重新找到谬误，谬误却说：“我也正要找真理呢。”说毕又关上了门。

路人不死心，继续寻找真理，他再一次跋山涉水，再一次风餐露宿，依然找不到真理。

于是，路人又敲开了谬误的门，可谬误仍给他一副冰冷的面孔。

就在路人近乎绝望地在谬误门口徘徊的时候，不断的敲门声吵醒了谬误的邻居。随着“吱呀”一声轻响，路人回头一看，天哪，这不正是真理吗?

原来，真理就住在谬误的隔壁。

有人说：“真理和谬误只有一步之遥。”培根说：“只要人接触到真理，就不能不被真理所征服。因为真理既是衡量谬误的尺度，又是衡量自身的尺度。”

寻找真理，就要摒弃谬误的干扰。谬误有时就体现在事物的矛盾之中，而我们常常陷于自己的种种设想而忽略矛盾，也就会一次次地靠近谬误而得不到真理。

我们知道“自相矛盾”的故事，讲的是有个楚国商人在市场上出卖自制的长矛和盾牌。他先把盾牌举起来，一面拍着一面吹嘘说：“我卖的盾牌，最牢最牢，再坚固不过了。不管对方使的长矛怎样锋利，也别想刺透我的盾牌!”停了一会儿，他又举起长矛向围观的人们夸耀：“我做的长矛，最快最快，再锋利不过了。不管对方抵挡的盾牌怎样坚固，我的长矛一刺就透!”围观的人群中有人问道:“如果用你做的长矛来刺你的盾牌，是刺得透还是刺不透呢?”楚国商人涨红着脸，半天回答不上来。

楚国商人的错误就在于他的说法是互相矛盾的，我们在生活中应当善于找出事物中的矛盾，辨别什么东西是可行的，什么东西是不可行的，以利于对矛盾进行规避或加以利用。

“日心说”的创立即是哥白尼分析事物矛盾，摆脱谬误，寻求真理的过程。

在“日心说”诞生之前，由托勒密创建的“地心说”统治着西方人们的思想长达1000年之久。“地心说”认为地球是宇宙的中心，并认为天分九层，分别是：月球、水星、金星、太阳、火星、木星、土星、恒星与“最高天”，其中第九层是上帝的居所，这一说法迎合了宗教的观点，更成为了不可冒犯的天条。

1473年2月19日，哥白尼诞生于波兰托伦城。10岁时，父亲去世，他便跟着舅父路加斯·瓦兹洛德生活。他的舅父是一位学识渊博的主教，哥白尼深受影响，爱上了天文学和数学。哥白尼18岁时，进入克拉科夫大学艺术系学习。他白天上课，夜间观测星星。后来，哥白尼又到意大利波伦亚大学攻读天文学。哥白尼成人以后，回到波兰，在弗伦堡天主教会当牧师。哥白尼在教会的一角，找到了一间小屋，建立了一个小小的观测台。他自己动手制造了四分仪、三角仪、测高仪等观测仪器。

哥白尼经过长期的观测，算出太阳的体积大约相当于161个地球（实际上比这个数字还大）。他想，这么一个庞然大物，会绕着地球旋转吗?他开始对流传了1000多年的托勒密的“地心说”产生了怀疑。

哥白尼天天观测着，计算着，于是他终于创立了以太阳为中心的“日心说”。

从1510年开始，哥白尼动手写作，整整花了20多年的时间，终于写成了6卷巨著《天体运行论》。

哥白尼之所以有如此重大发现，主要是他善于思考和分析，在人们习以为常的谬误中寻找真理。

思考的过程，就是找出事物的矛盾的过程。真理常常与谬误相伴而生，揭示了谬误，意味着在奔向真理的道路上又前进了一步。对于我们而言，锻炼自己的辩证思维，就要善于找出和分析漏洞或破绽，从中发现真理。

在偶然中发现必然

太阳的东升西落，地球运行的轨道，潮起潮落，月亮的阴晴圆缺，春夏秋冬的更替，一切都有自身的规律。

任何事情的发生，都有其必然的原因。有因才有果。换句话说，当你看到任何现象的时候，你不要觉得不可理解或者奇怪，因为任何事情的发生都必有其原因。

格德纳是加拿大一家公司的普通职员。一天，他不小心碰翻了一个瓶子，瓶子里装的液体浸湿了桌上一份正待复印的重要文件。

格德纳很着急，心想这下可闯祸了，文件上的字可能看不清了。

他赶紧抓起文件来仔细察看，令他感到奇怪的是，文件上被液体浸染的部分，其字迹依然清晰可见。

当他拿去复印时，又一个意外情况出现了，复印出来的文件，被液体污染后很清晰的那部分，竟变成了一团黑斑，这又使他转喜为忧。

为了消除文件上的黑斑，他绞尽脑汁，但一筹莫展。

突然，格德纳的头脑中冒出一个针对“液体”与“黑斑”倒过来想的念头。自从复印机发明以来，人们不是为文件被盗印而大伤脑筋吗？为什么不以这种“液体”为基础，化其不利为有利，研制一种能防止盗印的特殊液体呢？

格德纳利用这种逆向思维，经过长时间艰苦努力，最终把这种产品研制成功。但他最后推向市场的不是液体，而是一种深红的防影印纸，并且销路很好。

格德纳没有放过一次复印中的偶然事件，由字迹被液体浸染后变清晰，复印出的却是黑斑这一现象，联想到文件保密工作中的防止盗印，由此开发了防影印纸。不可不说他抓住了一个创新的良机。

衣物漂白剂的发明与此有异曲同工之妙，也是源于一次偶然的发现。

吉麦太太洗好衣服后，把拧干的洗涤物放到一边，疲倦地站起来伸伸腰。这时，吉麦先生下意识地挥了一下画笔，蓦地，蓝色颜料竟沾在了洗好的白衬衣上。

他太太一面嘀咕一面重洗。但雪白的衬衣因沾染蓝色颜料，任她怎么洗，仍然带有一点淡蓝色。她无可奈何地只好把它晒干。结果，这件沾染蓝颜料的白衬衣，竟更鲜丽，更洁白了。

“呃！这就奇怪啦！沾染颜料竟比以前更洁白了!”

“是呀！的确比以前更白了，奇怪!”他太太也感到惊异。

翌日，他故意像昨天一样，在洗好的衣服上沾染了蓝颜料，结果晒干的衬衣还是跟上次一样，显得异常明亮、雪白。第三天，他又试验了一次，结果仍然一样。

吉麦把那种颜料称为“可使洗涤物洁白的药”，并附上“将这种药少量溶解在洗衣盆里洗涤”的使用法，开始出售。普通新产品是不容易推销的，但也许是他具有广告的才能吧，吉麦的漂白剂竟出乎意料的畅销。凡是使用过的人，看着雪白得几乎发亮的洗涤物，无不啧啧称奇，赞许吉麦的“漂白剂”。

一经获得好评后，这种可使洗涤物洁白的“药”——蓝颜料和水的混合液，就更受家庭主妇的欢迎。

吉麦发明这种漂白剂出于偶然，由此可见，如果能抓住偶然发现的东西，也是一种发明或创造的方法。

事物是有规律的，偶然中蕴涵着必然，对生活中的偶然现象不能轻易放过，仔细观察、善于思考，也许你会从中获得一些意外的发现。

永远不变的是变化

一只鲷鱼和一只蝾螺在海中，蝾螺有着坚硬无比的外壳，鲷鱼在一旁赞叹着说："蝾螺啊！你真是了不起呀！一身坚硬的外壳一定没人伤得了你。"

蝾螺也觉得鲷鱼所言甚是，正洋洋得意的时候，突然发现敌人来了，鲷鱼说："你有坚硬的外壳，我没有，我只能用眼睛看个清楚，确知危险从哪个方向来，然后，决定要怎么逃走。"说完，鲷鱼便"咻"的一声游走了。

此刻，蝾螺心里想：我有这么一身坚固的防卫系统，没人伤得了我！便关上大门，等待危险的过去。

蝾螺等呀等，等了好长一段时间，心里想：危险应该已经过去了吧！

当它把头冒出来透气时，不禁扯破了喉咙大叫："救命呀！救命呀！"

原来，此时它正在水族箱里，面对的是大街，而水族箱上贴着的是：蝾螺××元一斤。

故事中的蝾螺认为封闭自己就可以躲避危险，却落得了成为盘中餐的悲惨结局。

这个故事也在告诉我们，我们生活在一个瞬息万变的世界里，唯一不变的东西是变化本身，所以我们要做的并不是将自己与外界隔绝，而是应积极地改变自己，辩证地看待问题，以适应变化的环境。

有时，面对外界的变化，我们唯有做出改变，才能更加接近成功。就像下面故事中的小河一样。

《大长今》第七集，长今为帮助朋友，私自出宫犯了戒律，被发配到“多栽轩”种药草。

凡被赶出宫的人，肯定再也没有机会回到宫中了，长今几乎绝望。

更让人绝望的是，“多栽轩”从长官到普通职员，整天庸庸碌碌，除了喝酒，就是睡觉，他们对生活已失去了最起码的希望。

这是一个可怕的环境，足以消磨任何人的斗志和信念，所有来这里的人都变得麻木和无所作为。

但长今一生的信念是学好厨艺，目标是当上宫中的“最高尚宫娘娘”。

现在她被赶出宫，理想应当破灭了。

可当长官告诉她有一种珍贵的药材，还从来没有人种植成功过，长今惊喜万分，马上明白了自己在“多栽轩”的使命。

从此她的生活马上有了希望和目标——立刻静下心来，在“多栽轩”安心地学习，并种植出珍贵的药材，结果她成功地种出了在朝鲜从来没有人种出过的药材。

“多栽轩”轰动了，所有的人都来帮助长今种植这种稀有的药材。

周围一群只知道喝酒睡觉的人，都成了勤劳的能工巧匠，对一切都已经麻木的长官，在关键的时候却成了拯救长今的贵人。

长今再次回到了一生追求的目标——当宫中的“最高尚宫娘娘”。

宇宙是运动着的，地球也在不停地运动，世界上千万事物每刻都在发生变化，人在变、物在变，我们周边的生活环境也在变。相应地，我们也要用变化的眼光、灵活的头脑、运动的心态，看待、分析、思索身边的万事万物。无论世界多么变幻无常，只要你能从中把握自己，肯定会处理得明明白白。

在不满中起步

当你有不满时，不要只顾发泄情绪，要认识到这是改造现状、开发新天地的大好契机。化不满为创新，成功女神就会青睐于你。

霍华德·海德很喜欢运动，但怕滑雪。因为他在滑雪时，那种又长又笨重的滑板，使他摔了许多跤，于是他咬牙发誓：这一辈子再也不去滑雪了。

但就在回家的路上，他突然心头一动：既然我喜欢滑雪，却因为滑板不理想，导致我要放弃这一很有意思的活动，为何我不可以改善一下滑板呢？像我这样的人一定很多，假如我能够发明出来，势必也很有市场。

于是，他花了几年的时间来进行这项发明，终于一举成功。不仅自己建立了海德滑板公司销售滑板，而且还转让专利。其中一家叫 AMF 的公司，购买他的专利后生意兴隆，又赠给他 450 万美元。

还有一个故事是关于牙刷的。

加藤信三是狮王牙刷集团的员工。一天早上，他正刷牙，发觉自己的牙龈被刷出血了，这种情况已经发生好多次了，每次都气得他想把牙刷扔了。

但是他并没有这么做，也并没有像一般人那样发一顿牢骚就从此忘了。作为牙刷公司的一名职工，他想：肯定有很多人也像他一样，被牙刷刷得牙龈出血。显然，问题出在牙刷上，那么应该怎样来解决这一问题呢？

在接下来的几个月里，他就一直在想这个问题。他也着实想解决牙龈出血的问题，考虑使用软毛牙刷，但牙刷毛过于柔软，不能很好地清除牙缝中的“垃圾”。

还想到使用前把牙刷泡在温水里，让它变得柔软一些，或者多用点牙膏。但他都觉得不够理想，因为使用起来不是很方便。

终于有一天，他突然想起，这一问题会不会与牙刷毛的形状有关系呢？会不会是因为它们太坚硬了，而将牙龈刺出血了呢？原来，牙刷毛顶端是四角形的，正是由于这种棱角而将牙龈刺破了。

加藤针对这个缺点想出了一个好办法：把牙刷毛的顶端磨成圆形，那么用起来一定不会再出血了。

于是他就把他的新创意向公司提出来。公司对此非常感兴趣，经过试验证明他的创意可行，马上采纳了他的新创意。

后来狮王牌的牙刷毛顶端就全部改成圆形，受到消费者的普遍欢迎。这样一来，狮王牌的牙刷不仅在众多牙刷中一枝独秀，而且长盛不衰，一度占到日本牙刷销售量的30%～40%。

加藤信三的创意为百姓们解决了生活中一个常遇的小麻烦，为公司创造了巨额利润，同时也为他自己的发展创造了机会。他从一个普通的小职员一跃成为科长，后来又升为董事。

加藤的“幸运”来自于在不满中起步，在不满中改进。所以，从某种程度上来讲，不满是发现的第一步，是进步的源泉，是拥抱希望的契机。

人生之路，充满荆棘与坎坷，当然也有苦尽甘来的成功与喜悦。失败与成功相伴，坎坷与坦途并存，善于辩证地对待困境与坎坷，在不满中起步，是我们应该培养的一种正确的人生思维。

苦难是柄双刃剑

用辩证的思维来看，苦难是一柄双刃剑，它能让强者更强，练就出色而几近完美的人格，但是同时它也能够将弱者一剑刺伤，从此倒下。

曾有这样一个“倒霉蛋”，他是个农民，做过木匠，干过泥瓦工，收过破烂，卖过煤球，在感情上受到过致命的欺骗，还打过一场3年之久的麻烦官司。他曾经独自闯荡在一个又一个城市里，做着各种各样的活计，居无定所，四处漂泊，生活上也没有任何保障。看起来仍然像一个农民，但是他与乡里的农民有些不同，他虽然也日出而作，但是不日落而息——他热爱文学，写下了许多清澈纯净的诗歌。每每读到他的诗歌，都让人们为之感动，同时为之惊叹。

“你这么复杂的经历怎么会写出这么纯净的作品呢?”他的一个朋友这么问他，“有时候我读你的作品总有一种感觉，觉得只有初恋的人才能写得出。”

“那你认为我该写出什么样的作品呢?《罪与罚》吗?”他笑。

“起码应当比这些作品更沉重和黯淡些。”

他笑了，说：“我是在农村长大的，农村家家都储粪种庄稼。小时候，每当碰到别人往地里送粪时，我都会掩鼻而过。那时我觉得很奇怪，这么臭这么脏的东西，怎么就能使庄稼长得更壮实呢?后来，经历了这么多事，我发现自己并没有学坏，也没有堕落，甚至连麻木也没有，就完全明白了粪和庄稼的关系。

“粪便是脏臭的，如果你把它一直储在粪池里，它就会一直这么脏臭下去。但是一旦它遇到土地，它就和深厚的土地结合，就成了一种有益的肥料。对于一个人，苦难也是这样。如果把苦难只视为苦难，那它真的就只是苦难。但是如果你让它与你精神世界里最广阔的那片土地去结合，它就会成为一种宝贵的营养，让你在苦难中如凤凰涅槃，体会到特别的甘甜和美好。”

土地转化了粪便的性质，人的心灵则可以转化苦难的流向。在这转化中，每一次沧桑都成了他唇间的美酒，每一道沟坎都成了他诗句的源泉。他文字里那些明亮的妩媚原来是那么深情、隽永，因为其间的一笔一画都是他踏破苦难的履痕。

苦难是把双刃剑，它会割伤你，但也会帮助你。

帕格尼尼，意大利著名小提琴家。他是一位在苦难的琴弦下把生命之歌演奏到极致的人。

4 岁时经历了一场麻疹和强直性昏厥症，7 岁患上严重肺炎，只得大量放血治疗。46 岁因牙床长满脓疮，拔掉了大部分牙齿，其后又染上了可怕的眼疾。50 岁后，关节炎、喉癌、肠道炎等疾病折磨着他的身体与心灵，后来声带也坏了。他仅活到 57 岁，就口吐鲜血而亡。

身体的创伤不仅仅是他苦难的全部。他从 13 岁起，就在世界各地过着流浪的生活。他曾一度将自己禁闭，每天疯狂地练琴，几乎忘记了饥饿和死亡。

像这样的一个人，这样一个悲惨的生命，却在琴弦上奏出了最美妙的音符。3 岁学琴，12 岁举办首场个人音乐会。他令无数人陶醉，令无数人疯狂！

乐评家称他是“操琴弓的魔术师”。歌德评价他：“在琴弦上展现了火一样的灵魂。”李斯特大喊：“天哪，在这四根琴弦中包含着多少苦难、痛苦与受到残害的生灵啊！”苦难净化心灵，悲剧使人崇高。也许上帝成就天才的方式，就是让他在苦难这所大学中进修。

弥尔顿、贝多芬、帕格尼尼，世界文艺史上的三大怪杰，最后一个成了盲人，一个成了失聪者，一个成了哑巴！这就是最好的例证。

苦难，在这些不屈的人面前，会化为一种礼物，一种人格上的成熟与伟岸，一种意志上的顽强和坚韧，一种对人生和生活的深刻认识。然而，对更多人来说，苦难是噩梦，是灾难，甚至是毁灭性的打击。

其实对于每一个人，苦难都可以成为礼物或是灾难。你无需祈求上帝保佑，菩萨显灵。选择权就在你自己手里。一个人的尊严，就是不轻易被苦难压倒，不轻易因苦难放弃希望，不轻易让苦难磨灭自己蓬勃向上的心灵。

用你的坚韧和不屈，把灾难般的苦难变成人生的礼券。